高等职业教育质量工程系列教材·旅游大类

宴会设计与服务

YANHUI SHEJI YU FUWU

主　编　陈　颖　张水芳
副主编　许　刚
编　者　方世宏　张　坤

南京大学出版社

图书在版编目(CIP)数据

宴会设计与服务 / 陈颖，张水芳主编. -- 南京 ：
南京大学出版社，2022.4

ISBN 978-7-305-24063-8

Ⅰ. ①宴… Ⅱ. ①陈… ②张… Ⅲ. ①宴会—设计
Ⅳ. ①TS972.32

中国版本图书馆 CIP 数据核字(2020)第 257473 号

出版发行　南京大学出版社
社　　址　南京市汉口路 22 号　　　　邮　编　210093
出 版 人　金鑫荣

书　　名　宴会设计与服务
主　　编　陈　颖　张水芳
责任编辑　裴维维　　　　　　　　　编辑热线　025-83592123

照　　排　南京南琳图文制作有限公司
印　　刷　南京人文印务有限公司
开　　本　787×1092　1/16　印张 12.5　字数 380 千
版　　次　2022 年 4 月第 1 版　2022 年 4 月第 1 次印刷
ISBN 978-7-305-24063-8
定　　价　45.00 元

网址：http://www.njupco.com
官方微博：http://weibo.com/njupco
官方微信号：njupress
销售咨询热线：(025) 83594756

前　言

古今中外，宴饮文化源远流长。随着现代酒店餐饮业的发展，宴会已经不仅仅是一场享用品质饮食的社交活动，更是一场饮食文化审美体验的情感活动，宴会设计与服务在现代酒店经营与服务中可谓举足轻重。现代社会对具有扎实的餐饮文化知识、懂设计、精服务的高素质技能型人才的需求旺盛。

为适应时代需求，构建新时代中国特色职业教育体系，探索具有中国特色的酒店服务人才“现代学徒制”培养模式，提高职业教育宴会设计与服务人才的培养水平，编者凭借多年本课程的一线教学经验和在线慕课平台建设经验，聚焦餐饮服务工作中的创新设计能力、对客服务能力、社会交往能力、工作组织能力、服务技术技能等酒店管理与数字化运营专业核心能力建设，对课程模块设计、教学内容组织、实践教学安排等方面深入研究，编写了本教材。

本教材编写力求突出以下特点。

一是校企“双元”合作开发。教材围绕深化“德技并修、工学结合”的育人模式，从行业需求出发，全面对接岗位生产过程。由学校酒店管理与数字化运营专业核心课程资深教师与企业高级管理人员和一线骨干组成的开发团队，共同研究、协同创新、持续开发，开展课程建构与内容设计，符合酒店行业最新发展趋势和要求，彰显产教协同创新。

二是融入课程思政理念。教材以传承弘扬中国宴饮文化及中国优秀传统文化为己任，全方位把握和体现中国宴饮文化的总体精神，从文化育人视角解读宴会设计与服务，着力提高学生的饮食文化修养。紧紧围绕立德树人根本任务，用心打造培根铸魂、启智增慧的精品教材。

三是强化数字资源融合。教材将传统纸质教材与数字化教学资源融合。编者结合实践应用，充分融合在线课程中已有的数字化教学资源，重视读者对数字化教学资源学习体验，优化微课库、习题库、课件库等数字资源内容。

四是突出项目教学设计。教材采用项目教学法来设计教材体系，形成了围绕宴会部工作需求的新型讲授与训练项目，并按照酒店宴会与设计的典型工作流程设置4个教学项目，以适应理论与实践一体化的任务式教学模式，有利于系统培养学生的学习能力、实践能力和创新能力。

五是创新教材内容体系。教材围绕餐饮服务行业的新理念、新知识、新技术，力求突出思想性、新颖性。以餐饮行业岗位职业能力需求为出发点，力求突出针对性、科学性。教材框架从任务目标、案例导入、任务实施、任务总结到任务考核，根据岗位实际需要中间穿插知识链接和拓展阅读，每个项目下设立了项目综合考核，力求突出实用性、可操作性。

六是对接餐饮技能大赛。对接全国技能大赛和世界技能大赛标准，将技能指标要求融入教学内容，将宴会设计与服务精益求精的要求和工匠精神贯穿始终，强化学生规则意识、服务意识、安全卫生意识、环境保护意识等职业素养的培养。

本教材可以作为高等职业院校旅游大类专业学生的教材，可供高星级酒店作为宴会设计与服务从业人员的培训用书，也可作为对宴会设计感兴趣的社会人士自学自用的参考书。

由于编写时间仓促，编者水平有限，书中不免有错误与疏漏之处，请各位专家、同行及广大读者批评指正、及时反馈。本书在编撰过程中，参考和借鉴了很多文献资料，也得到无锡太湖皇冠假日酒店人力资源副总监张海燕女士、无锡君来湖滨饭店邵芳女士等的大力支持，在此深表感谢。

本教材得到江苏省高职院校青年教师企业实践培训项目资助（计划编号：2021QYSJ082）。

编　者

2022年3月

目　录

项目一　宴会概述

项目四　宴会服务

附录

项目一

宴会概述

从事宴会设计与服务工作，首先要对宴会基础知识和宴会设计相关内容有所了解。

本项目包括两个工作任务，即宴会认知和宴会设计入门。

任务一 宴会认知

任务目标

知识目标：了解宴会的含义；深刻理解宴会的基本特点；掌握各种类型宴会的特征。

能力目标：能够正确地认识宴会特征；能够根据宾客要求判断出宴会的类型；能够根据宴会主题概括出宴会名称。

素质目标：树立全局观念、流程意识，深刻认知团队协作对于宴会产品与服务的重要性，工作中能发扬吃苦耐劳的精神，认真细致、密切配合。

思政融合点：政治认同（贯彻新发展理念）；家国情怀（诵读经典，了解中华宴饮文化，弘扬爱国主义精神，传承家国情怀，增强文化自信）；思维方法（培育思辨思维）。

案例导入

某星级酒店多功能宴会厅接待了一次宴会活动，主桌上方挂了一条横幅，上书“热烈欢迎某集团领导莅临指导”。由于人多、宴会规格高，餐厅上至经理下至服务员从早上开始布置环境、调试音响、调整台型、布置餐台，宴会前30分钟所有工作就绪，迎宾员、服务员均已到位。

宴会开始，一切正常进行，秩序井然。按预先的安排，上完“蝴蝶海参”后，主人要祝酒讲话。只见主人和主宾离开座位，走到话筒前。值台员在客人杯中已斟满酒水饮料。主人、主宾身后站着一位服务员，手中托着装有两杯酒的托盘。主人和主宾简短而热情的讲话很快便结束，服务员及时递上酒杯。正当宴会厅内所有来宾站起来准备举杯祝酒时，从厨房走出一列身着白衣的厨师，手中端着刚出炉的烤鸭向各个不同方向走去。客人不约而同地将视线转向这支移动的队伍，热烈欢快的场面就此给破坏了，主人不得不再一次提议全体干杯，但气氛已大打折扣，客人的注意力被转移到厨师现场分工割烤鸭上去了。

[**案例思考**]

1. 这是一个什么类型的宴会？这种宴会有什么特点？
2. 为什么此次宴会气氛大打折扣？不良影响是什么？
3. 是什么原因造成了这种局面？如何预防这类事情的发生？

任务实施

一、宴会的含义

宴会是在普通用餐基础上发展而成的一种高级群体用餐形式，人们的社会交往需要决定了宴会的本质属性。宴会（又称主题宴会、燕会、筵席、筵宴、酒会）是国际和国内的政府、社会团体、单位、公司或个人为了表示欢迎、答谢、祝贺等社交目的的需要，根据接待规格、礼仪程序和服务方式，而举行的一种隆重的、正式的餐饮活动。《说文解字》的解释："宴"，安也，其本义是"安逸、安闲、安乐"，引申为宴乐、宴享、宴会；"会"的本义是聚合、集合，在宴会中衍化为"众人参加的宴饮活动"。与零点餐饮活动相比，宴会服务的规模、菜式、礼仪规格、服务方式等对酒店的组织管理都提出了更高的要求，直接体现酒店的服务质量水平和综合管理水平。

二、宴会的特点

宴会既不同于零点餐饮，又有别于普通的聚餐，具有以下五个方面的鲜明特征。

一是聚餐式。聚餐式是指宴会的饮食方式。多采用多人聚餐，边吃边交流的进餐形式。进餐有围在桌子周围的，也有站立的；有室内的，也有室外的。赴宴者通常由四种人组成，即主宾、随从、陪客与主人。主人是东道主，主要宾客是宴会的中心人物，常安排在最显要的位置就坐，宴饮中的一切活动都围绕他进行。

二是计划性。计划性是实现宴会的手段。为了实现一定的社交目的，宴会举办者需要对宴会提前做总体谋划。如果是酒店承办这些宴会服务，就必须将举宴者的意愿细化成可以操作的宴会计划或者是宴会实施方案。

三是规格化。规格化是宴会内容的重要特征。宴会内容讲究规格和气氛，气氛隆重，菜点丰盛，接待热情，礼仪规范。在古代，规格是与人的社会地位紧密联系起来的，人的等级地位越高，饮食的规格也越高。例如，清代宫廷宴会分满席和汉席，满席分六等，汉席分三等，等级间有上中之别。现代企业举行的宴会，也特别强调宴会的档次和规格化。

四是社交性。社交性是宴会的目的特征。宴会是社交活动的重要形式，在社会生活中发挥着独特的作用。不同的宴会有不同的目的或主题，通过宴会不仅可获得饮食文化的享受，而且还可增进人际间的交往。

五是礼仪性。礼仪是赴宴者之间相互交往共同遵守的习俗。不同类型的宴会因文化差异在社交礼仪上有诸多不同，如出席时间、座次安排、进餐方式、着装要求、餐具使用等，需要酒店做好更加细致的准备，提供更加准确、规范的服务礼仪。

【知识链接】

筵席、酒席与宴会

筵席一词逐渐由宴饮的坐具引申为整桌酒菜的代称，一直沿用至今，由于筵席必备酒，所以又称酒席。中国筵席是多人聚餐活动时食用的成套菜肴及其台面的统称。

宴会是因习俗或社交礼仪需要而举行的宴饮聚会，又称燕会、筵宴、酒会，是社交与饮食结合的一种形式。人们通过宴会，不仅可获得饮食艺术的享受，而且还可增进人际间的交往。

宴会是在普通用餐基础上发展起来的高级用餐形式，也是一种社会的重要交际形式。对饭店餐饮部来说，宴会厅和多功能厅不仅占有餐饮部总面积的35%～50%，其营业收入也占了餐饮总收入的45%～55%。宴会部在饭店餐饮经营管理中占有重要地位。

三、宴会的类型

宴会类型

宴会可按不同标准做多种类型的划分，具体内容见下表。

（一）按菜式组成划分

表1-1　按菜式组成划分的宴会

形式	特点	举例
中式宴会	中式菜肴与中式酒水；环境气氛、台面设计、餐具用品、就餐方式等反映中华民族传统饮食文化气息，具有中国特色的服务礼仪与程序。	
西式宴会	西式菜式与西洋酒水；环境布局、厅堂风格、台面设计、餐具用品等突出西洋格调和西式服务程序和礼仪。	法式宴会、俄式宴会、英式宴会、美式宴会

（续表）

形式	特点	举例
中西合璧宴会	融合中西宴会菜品组合、宴席摆台、菜点制作、服务方式和就餐方式。	中西合璧正式宴会、鸡尾酒会、冷餐酒会（含自助餐会） 

（二）按接待规格和隆重程度划分

表1-2　按接待规格和隆重程度划分的宴会

形式	特点	举例
国宴	由国家元首或政府首脑邀请各界人士而举行的宴会，规格最高，也最为隆重。其特点是出席者身份高，礼仪场面隆重，服务规格高，菜点以热菜为主，兼有一定数量的冷盘。	迎春茶话会
正式宴会	在正式场合举行的宴席，多数是指政府和群众团体有关部门为欢迎应邀来访的宾客，或来访的宾客为答谢东道主的款待而举行的宴会。正式宴会气氛隆重、礼仪及服务程序讲究，形式多样。	鸡尾酒会、冷餐酒会、茶话会、圆桌式宴会 
便宴	即非正式宴会，形式简单，不拘规格、礼仪，气氛轻松，无明确的主题和重要的背景。	早宴、午宴、晚宴、家宴 

（三）按宴会性质与主题划分

表 1－3　按宴会性质与主题划分的宴会

形式	特点	举例
国宴	国家元首或政府首脑为国家庆典及其他国际或国内重大活动，或为欢迎外国元首、政府首脑来访举办的正式宴会。规格最高，也最为隆重，一般在宴会厅内悬挂国旗，设乐队，演奏国歌，席间致辞，在菜单和席次卡上印有国徽。	中国杭州 G20 峰会国宴
公务宴会	政府部门、事业单位、社会团体及其他非营利性机构或社会组织或团体为庆功庆典、祝贺纪念、交流合作等重大公务事项接待国内外宾客而举行的宴席。其特点是宴席形式多样，宴请环境紧扣公务活动主题，礼仪讲究，注重环境设计，宴请程序和规格相对固定，通常按惯例安排致辞、祝酒等。	
商务宴会	各类企业和营利性机构或组织，为了一定的商务目的而举行的宴席。进行商务宴席安排时，一定要注意了解宴请双方的共同偏好和要求，掌握好宴席的设计与布置，控制好整体服务过程中的服务节奏与气氛，为宴请双方的商务合作奠定基础。	
亲情宴会	主要是指以体现个体与个体之间情感交流为主题的宴请，突出表现在人们的日常生活当中。常见的亲情宴席，体现于逢年过节、生日祝寿、亲朋相聚、乔迁之喜、红白喜事、洗尘接风等方面。	婚宴、寿宴、迎送宴、纪念宴、家庭便宴、节日宴席等

（四）按规模大小划分

表 1-4　按规模大小划分的宴会

形式	特点	举例
小型宴会	10 桌及以下，参加人数相对较少。 按照主宾的要求进行认真设计、严格操作。	
中型宴会	11～30 桌，参加人数较多。 在菜单设计、组织安排上要针对客人的要求，精心设计。	
大型宴会	31 桌及以上，参加人数很多。 有特定主题，工作量大，要求高，要求组织者有较高的组织能力。	

（五）按价格档次划分

表 1-5　按价格档次划分的宴会

形式	特点	举例
高档宴会	价格昂贵，菜肴制作精细，就餐环境豪华，服务讲究。	多接待显要人物或贵宾。
中档宴会	价格适中，菜肴制作讲究，餐厅环境和服务好。	常用于较隆重的庆典和公关宴会。
普通宴会	价格较低，烹饪原料以常见的鸡、鸭、鱼、虾等为主，菜肴制作注重实惠，餐厅环境和服务一般。	多见于民间的婚丧嫁娶及企事业单位的社交活动。

（六）按菜品构成特征划分

表 1-6　按菜品构成特征划分的宴会

形式	特点	举例
仿古宴	指将古代的特色宴席融入现代文化的一种宴席形式。这是一种有益的尝试，有利于弘扬我国历史悠久的饮食文化，满足现代市场的需求，创造良好的经济效益。	新满汉全席、孔府宴、红楼宴、仿唐宴等。
风味宴	指宴席的菜品、原料、烹制技法、服务方式等具有较强的区域性或民族性特点的宴席。可分为地方风味、特殊原料风味、特殊烹饪方法风味、国家或地区风味。	国家或地区风味，有法式宴席、日式宴席、泰式宴席等；特殊原料风味，有药膳宴席、海鲜宴席等；特殊烹饪方法风味，有烧烤宴席、火锅宴席等；地方风味，有清真宴席、川菜宴席、湘菜宴席等。
全类宴席	又称“全料宴”“全席”，这类宴会所有菜品只能以一种原料，或某类具有某种共同特性的原料制成，每种菜品所变化的只是配料、调料、烹饪技法、造型等。在宴席发展演变过程中可分为：主料单一烹制的宴席、座汤之后跟四个座菜的宴席、满汉全席三种。	满汉全席宴
素食宴	又称“素宴”，是一种特殊的全类宴会，指所有菜品均由素食菜肴组成。	寺院斋菜、宫廷素菜和城市商业素食等。

（七）按其他标准划分

表 1-7　按其他标准划分的宴会

形式	特点	举例
按时间分	早茶、午宴、晚宴，正式宴会一般安排在晚上。	各式早茶、午餐、晚餐等。
按形式分	现代社会常用的一种宴会形式。	鸡尾酒会、冷餐酒会、茶话会、招待会等。
按季节分	特定的季节、特定的环境、特定的文化氛围。	迎春宴、中秋佳节宴、除夕宴、圣诞宴等。

【知识链接】

中国古今五大名宴

中国古今五大名宴

一、满汉全席

满汉全席是满汉两族风味肴馔兼用的盛大宴席。清初满人入主中原，满汉两族开始融合。规模盛大高贵，程式复杂，满汉食珍，南北风味兼有，菜肴达300多种，有中国古代宴席之最的美誉。

二、孔府宴

曲阜孔府是孔子诞生和其后人居住的地方，典型的中国大家族居住地和中国古文化发祥地，经历2000多年长盛不衰。孔府既举办过各种民间家宴，又宴迎过皇帝、钦差大臣，各种宴席无所不包，集中国宴席之大成。孔子认为"礼"是社会的最高规范，宴饮是"礼"的基本表现形式之一。孔府宴礼节周全，程式严谨，是古代宴席的典范。

三、全鸭宴

首创于北京全聚德烤鸭店。特点是宴席全部以北京填鸭为主料烹制，共有100多种冷热鸭菜可供选择。用同一种主料烹制各种菜肴组成宴席是中国宴席的特点之一。全国著名全席有：天津全羊席、上海全鸡席、无锡全鳝席、广州全蛇席、四川豆腐席、西安饺子席、佛教全素席，等等。

四、文会宴

文会宴是中国古代文人进行文学创作和相互交流的重要形式之一。形式自由活泼，内容丰富多彩，追求雅致的环境和情趣。一般多选在气候宜人的地方。席间珍肴美酒，赋诗唱和，莺歌燕舞。历史上许多著名的文学和艺术作品都是在文会宴上创做出来的，著名的《兰亭集序》就是王羲之在兰亭文会上写的。

五、烧尾宴

古代名宴，专指士子登科或官位升迁而举行的宴会，盛行于唐代，是中国欢庆宴的典型代表。"烧尾"一词源于唐代，有三种说法：一说是兽可变人，但尾巴不能变没，只有烧掉尾巴；二说是新羊初入羊群，只有烧掉尾巴才能被接受；三说是鲤鱼跃龙门，必有天火把尾巴烧掉才能变成龙。此三说都有升迁更新之意，故此宴取名"烧尾宴"。

任务总结

1. 宴会是一种在普通用餐基础上发展起来的正式、高级、隆重的宴饮活动，也是一种重要的交际形式。

2. 宴会具有聚餐式、计划性、规格化、社交性、礼仪性的特点。

3. 宴会可按不同标准做多种类型的划分。

任务考核

案例分析一

欧洲外交界有句俗谚："世间万物定于餐桌，而支配人类的是宴会。"

国家元首厨师俱乐部创建者吉乐·布拉加尔说："如果男人存在政见分歧，一桌丰盛可口的菜肴就能让他们团结起来。”

［**案例思考**］

你认为这两句话有道理吗？请举出实例来讨论宴会的作用与意义。

案例分析二

4月6日，某大饭店宴会部预订员小李接到A公司的预定电话，称该公司将于5月20日晚在该酒店宴会厅举行周年庆典，并举行晚宴，参会人数为260人左右。

［**案例思考**］

以小组为单位，根据案例中的有关宴会预订信息分析回答：

1. 这是一个什么类型的宴会？这种宴会有什么特点？
2. 对此宴会概括出恰当的主题和名字。（字数在5～10个）

拓展阅读

筵席的由来

宴会，在古代是以酒肉款待宾客的一种聚集活动。相传尧时代一年举行七次敬老的曲礼，大家在低矮的屋子里席地而坐，你一鼎，我一鼎，分享肉的美味。这说明我国宴会历史悠久。隋唐以前，古人不使用桌椅。宴饮时，座位设在席上，食品放在席前的筵上，人们席地坐饮。后来使用桌椅，宴饮由地面升高到桌上进行，明清时有了“八仙桌”“大圆桌”，宴会形式已经改变，宴席却仍沿称“筵席”，座位仍沿称“席位”。

图1-1　古代筵席

唐代学者贾公彦疏在《周礼·春官·司几筵》中说：“司几筵掌五几、五席之名物，辨其用，与其位。”“几”是一种矮小的案子，古代用它来搁置酒肴，也可做老年人倚凭身体之用。“五几”是五种不同质地的几物，即玉几、雕几、彤几、漆几、素几；“五席”即莞席（水草席）、缫席（丝织席）、次席、蒲席（蒲草席）、熊席（熊皮席）等五种席子。

任务二 宴会设计入门

任务目标

知识目标: 了解宴会设计的含义和内容,掌握宴会设计的基本要求,熟悉宴会设计的程序。

能力目标: 熟悉宴会设计的基本程序,具备宴会活动策划创新能力、策划文案写作能力等,能够围绕既定主题,按照一定设计思想,组织设计出主题鲜明、要素俱全、程序完整的主题宴会。

素质目标: 重点培养学生的服务意识、创新意识、精细意识、敬业精神和团队协作精神。

思政融合点: 政治认同(贯彻新发展理念);家国情怀(提升民族自豪感,凝聚民族精神,弘扬中华优秀传统文化,增强文化自信);职业精神(培育职业道德、劳动精神、创新精神)。

案例导入

主题宴会设计作品"Burnning"

主题宴会设计作品"Burnning"

图 1-2 主题宴会设计作品"Burnning"

在三亚举办的 2018 亚洲婚礼风尚盛典中的宴会设计告一段落,在野花植空间联合秉心婚礼打造的主题"Burnning"的宴会设计作品,荣获风尚盛典优秀作品奖。

设计语言:每个人心中,都有一团燃烧的火焰,要去最高的山峰。设计采用大花蕙兰、绣球、芍药、马蹄莲、星芹一系列红色系的鲜花做了山脚和崖壁的花;婉转向上的镀金铁艺,犹如一路而上的山峰,似爱情之火攀爬而上;天际一片片云层不断燃烧,鲜花锦簇一路跟随,金色圆盘蜿蜒而下,缱绻着天空;滴落着的点点灯光,是最美的光落在爱情身旁。主题以爱你的燃烧的心为起点,走向美好的新生活,今生和谐共生。

[**案例思考**]

你认为举办一席成功的宴会设计需要拥有哪些知识储备?

任务实施

一、宴会设计的含义

宴会设计是根据宾客的要求和承办酒店的物质条件和技术条件等因素，对宴会场境、宴会物品、宴席台面、宴会台型、宴会菜单、宴会服务、宴会程序等进行精心设计、统筹规划，并拟出实施方案和细则的创作过程。

宴会设计是一种综合的、广义的设计，它既是标准设计，又是活动设计。所谓标准设计，是对宴会这个特殊商品的质量标准（包括服务质量标准、菜点质量标准）进行的综合设计；所谓活动设计，是对宴会这种特殊的宴饮社交活动方案进行的策划、设计。

二、宴会设计的内容

（一）环境设计

宴会环境设计对宴会主题的渲染和衬托具有十分重要的作用。宴会环境包括大环境和小环境两种，大环境就是宴会所处的特殊自然环境，如海边、山巅、船上、临街、草原等；小环境是指宴会举办场地在酒店的位置、宴席周围的布局、装饰、宴会台型及席次设计等。

（二）台面设计

宴会台面设计又称餐桌布置艺术，根据宴会主题，对宴会台面用品进行合理搭配、布置和装饰，以形成一个完美台面组合形式的艺术创造。台面设计要烘托宴会气氛，突出宴会主题，提高宴会档次，体现宴会水平。根据客人进餐目的和主题要求，将各种餐具和桌面装饰物进行组合造型的创作，包括台面物品的组成和装饰造型、台面设计的意境和台型的组合摆放等。

（三）菜单设计

宴会菜单设计必须与主题相符，要充分了解宾客组成情况以及对宴会的需求，根据接待标准，确定菜肴在构成、营养、色泽、风味、传统等方面的结构比例；结合客人对饮食文化的特殊喜好，拟定菜单品种；根据菜单品种确定加工规格和装盘形式；根据宴会主题拟定菜单样式，进行菜单装饰策划，如卷轴、扇子、竹简等。

（四）酒水设计

酒水搭配要与宴会的档次、规模、寓意协调统一，与宴会的主题相吻合，与菜点相得益彰。一般中式宴会用中国酒，接待外地客人可以推荐地域特色酒，同时可考虑季节因素，配置黄酒、啤酒等，根据不同人员需求配置红酒、饮料等。

（五）流程设计

宴会流程设计，是对整个宴饮活动的程序安排、服务方式规范等进行设计，包括接待程序与服务程序、行为举止与礼仪规范、席间乐曲与娱乐活动等设计。

（六）安全设计

安全设计是对宴会进行中可能出现的各种不安全因素的预防和设计。其内容包括顾客人身与财物安全、食品原料安全和服务过程安全设计等。

（七）宴会娱乐设计

针对客人的宴会预订需求，设计适合客人需要的娱乐项目，其内容包括唱歌、舞蹈、魔术、游戏等。娱乐设计的主要目的是娱乐客人，活跃宴会气氛。

三、宴会设计的要求

（一）突出主题

围绕宴会目的，突出宴会主题，是宴会设计的宗旨。如举办国宴的目的是想通过宴饮达到国家间相互沟通、友好交往，因而在设计上要突出热烈、友好、和睦的主题气氛；婚宴是庆贺喜结良缘，设计时要突出吉祥、喜庆、佳偶天成的主题意境。根据不同的宴饮目的，突出不同的宴会主题，是宴会设计的起码要求；反之，如果不了解宴饮目的，宴会设计脱离了宴会主题，那么轻者可能会导致顾客投诉，重者可能会导致整个宴会失败。

（二）特色鲜明

宴会设计贵在特色，可在菜点、酒水、服务方式、娱乐、场景布局或台面上来表现。不同的进餐对象，由于其年龄、职业、地位、性格等不同，其饮食爱好和审美情趣也不一样，因此宴会设计不可千篇一律。

宴会特色反映的是它的民族特色或地方特色，通过地方名特菜点、民族服饰、地方音乐、传统礼仪等展示宴会的民族特色或地方风格，反映某个地区或民族淳朴民俗风情的社交活动。宴会还应突出本酒店的浓厚风格特征，如某大酒店的“蟠桃宴”，突出了《西游记》的文化特色；某酒楼的宴会始终贯穿“饮食讲科学，营养求均衡”的思想，宴会菜点的“营养科学”特色尤为鲜明。

（三）安全舒适

宴会既是一种欢快、友好的社交活动，同时也是一种怡养身心的娱乐活动。赴宴者乘兴而来，为的是获得一种精神和物质的双重享受，因此，安全和舒适是所有赴宴者的共同追求。宴会设计时要充分考虑和防止如电、火等不安全因素的发生，避免顾客遭受损失。优美的环境、清新的空气、适宜的室温、可口的饭菜、悦耳的音乐、柔和的灯光、优良的服务是所有赴宴者的共同追求，是构成舒适的重要因素。

（四）美观和谐

宴会设计是一种“美”的创造活动，宴会场境、台面设计、菜点组合、灯光音响乃至服务人员的容貌、语言、举止、装束等，都包含许多美学内容，体现了一定的美学思想。宴会设计就是将宴会活动过程中所涉及的各种审美因素进行有机组合，达到一种协调一致、美观和谐的美感要求。

（五）科学核算

宴会设计从其目的来看，可分为效果设计和成本设计。前面谈到的四点要求，都是围绕宴会效果来设计的。酒店举办宴会，其最终目的还是为了营利，因此，在进行宴会设计时还要考虑成本因素，对宴会各个环节、各个消耗成本的因素要进行科学、认真的核算，确保正常营利。

四、宴会设计的程序

表 1－8　宴会设计程序

序号	程序		要求
1	获取信息	信息内容	准确、详细、真实地获取宴会标准、规模、时间、价格、对象、出品、条件等信息。
		获取途径	顾客提供；酒店主动收集。
2	分析研究	认真分析	认真、全面分析研究信息资料。
		精心构思	富有创意且切合实际；突出宴会主题；满足顾客要求。
3	制订草案	专人起草	富有经验的宴会设计人员综合多方面的意见和建议，负责起草详细、具体的设计草案。可制定 2～3 套可行性方案供选择。
		初步审定	主管领导或主办单位负责人初步审定。
4	修改定稿	倾听意见	耐心倾听意见，对草案进行反复修改。
		最终定稿	主管领导或主办单位负责人最终定稿。
5	贯彻执行	下达方案	召集大会；下发设计方案；明确责任。
		执行方案	根据方案贯彻执行，适时予以调整。
6	总结提高	总结经验	客观、诚实地总结工作经验与教训。
		立卷归档	把宴会设计方案、总结材料等文件立卷归档。

【知识链接】

宴会服务人员仪容仪表要求

宴会服务人员注重仪容仪表，不仅能展示良好的个人形象和修养，也能对宣传企业和餐厅起到良好的效果，具体要求如下：

服务人员仪容仪表

表 1－9　宴会服务人员仪容仪表要求

部位＼性别	男士	女士
整体	自然大方得体，符合工作需要及安全规则，精神饱满，充满活力，整齐整洁。	
头发状况	勤洗发、理发，梳理整齐，无头皮屑、杂物；不染发、烫发，不留怪异发型。	
发型	前不遮眼，侧不扣耳，后不过领。	留海不过眉毛，后不过肩，不留披肩发。
发饰	发饰颜色为黑色或与头发本色近似。	不佩戴发饰。
面容	脸颈及耳朵干净，不留胡须及鬓角，鼻毛不出鼻孔，口齿无异味。	脸颈及耳朵干净，上岗之前化淡妆（淡雅自然），不浓妆艳抹，口齿无异味。
身体	上班前不吃异味食品，不喝含酒精的饮料，勤洗澡，无体味。	
装饰物	不能佩戴首饰（项链、耳环、手镯及夸张的头饰），只允许佩戴手表、工号牌、婚戒，尤其不能佩戴豪华昂贵的首饰，显得比客人更富有，以免伤害客人自尊。	
着装	着统一的岗位工作服；主题宴会服务时，服装要求符合主题，佩戴相应的领带、领结、领花或者丝带，工作服要干净、平整、无尘垢、无脱线，纽扣齐全扣好，不可衣冠不整，工号牌要佩戴在左胸前，不得歪斜；不要将衣袖、裤子卷起；衣袋里不能装任何物品，特别是上衣口袋、领子、袖口要干净。内衣不能外露。	
手部	指甲要修好，不留长指甲，保持干净、勤洗手。	女员工不能涂有色指甲油，不留长指甲，保持干净，勤洗手。
鞋袜	着黑色皮鞋，表面锃亮、无灰尘、无破损，着黑色袜子。	着黑色皮鞋或布鞋，表面干净，着肉色连裤袜，不挂边、不破损、不滑丝。
仪表	要求举止大方，自然，优雅；注重礼貌礼节，面带微笑。	
整理场所	需整理仪表时，要到卫生间或工作间等客人看不到的地方，不要当客人的面或在公共场所整理。	

宴会设计人员素质要求

宴会设计人员要德才兼备，既要有敬业精神，又要有专业技能，还要有敬业意识。以下着重分析宴会设计人员应具备的文化素质。

表 1－10　宴会设计人员素质要求

序号	应会知识	具体内容
1	餐饮服务知识	宴会设计师应有丰富的餐饮服务经验，通晓餐饮服务业务，设计的方案切合实际，便于服务人员操作。
2	饮食烹饪知识	宴会设计师要掌握大量的菜肴知识，其中包括每道菜的用料、烹调方法、味型特点等，并要熟知不同菜点组合、搭配的效果。
3	成本核算知识	宴会是一种特殊的商品，必须先和客人谈定宴会价格标准（包括宴会质量要求），然后根据价格提供产品。因此，宴会设计师应掌握成本核算知识，对宴会所付出的直接成本和间接成本做出科学、准确的核算，以确保酒店正常营利。

（续表）

序号	应会知识	具体内容
4	营养卫生知识	宴会菜肴应讲究营养成分的科学组合。宴会设计师必须了解各种食物原料的营养成分，了解不同的烹调方式对营养素的影响，熟知各营养素的生理作用以及宴会菜肴各营养素的合理搭配和科学组合等。
5	心理学知识	由于顾客的年龄、性别、职业、信仰、民族、地位等各不相同，文化修养、审美水平各异，其对宴会的消费心理也各不相同。必须掌握一定的心理学知识，摸准顾客的消费心理，投其所好，尽量满足顾客的心理需求。
6	美学知识	宴会设计要考虑时间与节奏、空间与布局、礼仪与风度、食品与器具等内容，这些无不需要美学原理作指导。每一场宴会设计，实际上都是一次生活美的创造。宴会设计师对宴饮活动中涉及的各门类美学因素进行巧妙的设计和融合，形成一个综合的、具有饮食文化特色且充满美学意蕴的审美活动。
7	文学知识	给菜肴命名及解说需要有一定的文学修养，优美的菜名及巧妙的解说，也会起到烘托宴会气氛的作用。
8	民俗学知识	“十里不同风，百里不同俗”，宴会设计要充分展示本地的民风民俗，同时也要照顾与宴者的生活习俗和禁忌，切不可冲犯。
9	历史学知识	探讨饮食文化的演变和发展，挖掘和整理具有浓郁地方历史文化特色的仿古宴，如研制“仿唐宴”，必须对唐代历史、社会生活史有一定的了解，并结合出土文物和民间风俗传承，才能设计出一套风格古朴、品位高雅的宴席。
10	管理学知识	宴会方案的设计与实施都是一个管理问题，包括人员管理（人员合理安排、定岗、定责等）、物资管理（宴会物资的采购、领用、消耗等）、现场指挥管理等。宴会设计师必须了解管理学的一般原理、餐饮运行的一般规律以及宴会的服务规程。

任务总结

1. 宴会设计是一项富有创意的综合活动。

2. 宴会设计的内容包括环境设计、台面设计、菜单设计、酒水设计、流程设计、安全设计、宴会娱乐设计。

3. 宴会设计的要求是突出主题、特色鲜明、安全舒适、美观和谐、科学核算。

4. 宴会设计程序如下：获取信息、分析研究、制订草案、修改定稿、贯彻执行、总结提高。

任务考核

［案例分析］

有人说，一朵玫瑰就足以令女人心跳不已，那么一万朵玫瑰的婚礼会是什么样子？2004年11月26日晚上，还处在试营业期的杭州凯悦酒店，就举行了一场一万朵白玫瑰打造的豪华婚礼。这场婚宴一共有50多张餐桌，在设计独到的灯光和粉色气球的映衬下，这些白玫瑰出奇漂亮。这场豪华婚礼的新郎是某著名酒水品牌的相关负责人，当时他决定要在凯悦酒店举办一场特别的婚礼。在综合考虑了客人的需要后，凯悦酒店提出了这个万朵白玫瑰婚礼的计划。碰巧的是，这几天，日本设计师内海先生正在凯悦酒店给公司的花卉工作人员做设计培训。内海先生曾参与国际一流品牌的设计，这次应凯悦餐饮行政总监安德的邀请，给凯悦的西餐厅、大堂、客房的各个细节部位作花艺布置。

从当天下午3点开始，相关的服务人员就开始对这场婚宴进行服务彩排。凯悦餐饮行政总监安德表示，凯悦的服务品质一流，更特别的是他们还会根据客人的不同需要提供个性化的服务。个性化服务是否就意味着高价消费？安德不肯透露万朵白玫瑰豪华婚宴的具体费用，但他说："我们的食物、服务都是一流的，但我保证，这里的价格绝对不会让你望而却步。"他举了个例子，凯悦西餐厅的自助餐中午是138元每客，晚上是168元每客，这个价格在杭州的高星级酒店中并不算贵。"向需要一万朵玫瑰的客人提供一流的服务，向只需要一朵玫瑰的客人也要提供一流的服务。"

［案例思考］

1. 什么是宴会设计？

2. 它与一般的餐饮活动设计有什么不同之处？

拓展阅读

阅读：梅新林."旋转舞台"的神奇效应——《红楼梦》的宴会描写及其文化蕴义，探讨总结《红楼梦》中的宴会活动及类型。

拓展阅读

项目综合考核

1. 考核内容

利用课程教材、学校图书馆资源、互联网或者实地参观考察酒店餐饮部宴会厅，画出餐饮部组织结构图，并分析和汇报宴会厅各岗位的工作职责及素质要求。

2. 考核方式

本次考核以小组为单位进行收集、整理资料，小组进行课堂现场 PPT 汇报。

3. 评价方法

本项目考核采用综合评价方法，具体评价分值及标准如下：

小组成绩＝表现成绩(20%)＋内容成绩(40%)＋格式成绩(20%)＋创新成绩(20%)

表 1－11　综合考核评价表

评价项目	小组自评(30%)	小组互评(30%)	教师评价(40%)	合计
表现：能积极主动完成，团队协作能力强(20%)				
内容：内容正确、真实、完整、符合要求(40%)				
格式：格式规范、语言简洁、样式美观(20%)				
创新：具有创新意识(20%)				
合计(100%)：100 分	实际得分：			

项目二

宴饮文化

中华宴饮文化历史悠久、源远流长，学习本项目不仅能弘扬中国传统文化，促进中外文化交流，也利于酒店从业人员在跨文化交流和服务中做好本职工作。本项目包括中华宴饮文化和外国宴饮文化两个任务。

任务一　中华宴饮文化

任务目标

知识目标：了解中华宴饮文化起源与发展，熟悉中华宴饮民俗和礼仪，掌握中国菜肴文化、茶文化和酒文化的相关内容。

能力目标：能从历史学角度深入理解中华宴饮文化所包含的内容，并充分运用到跨文化交流和服务中去。

素质目标：弘扬中华民族传统文化，树立民族自豪感，增强文化自信，促进跨文化交流。

思政融合点：政治认同（贯彻新发展理念）；家国情怀（弘扬中华优秀传统文化、文化自信、民族自豪感和民族精神）；职业精神（培育劳动精神、创新精神）；法治意识（信仰法律、遵守法律、培养法制思维）。

案例导入

有一个美国政府妇女代表团第一次到中国考察，当地政府用中国传统宴会形式招待她们。有一天，代表团中有一位女记者好奇地连问服务员三个问题：中国古代皇帝举办宴会吃的是什么菜？宴会的形式及规格和现代宴会有什么不同？每次宴会安排很多菜肴，吃不完你们怎么处理？

［**案例思考**］

如果那位女记者问你的话，你能回答她提出的问题吗？

中国皇家菜博物馆

任务实施

一、中华宴饮起源与发展

中国地域辽阔，民族众多，历史悠久，中华宴饮文化源远流长、底蕴深厚。中华宴饮文化蕴含着中国人认识事物、理解事物的哲理。

（一）中华宴饮的起源

中华宴饮文化的演变与发展是一个漫长而不断完善的历史进程，经历了千百年的演变，超出单纯风俗礼仪的传统概念，形成了一种新的饮食文化。中华宴饮文化既是中华民族物质文明和精神文明程度的重要标志之一，也是人与人之间的一种礼仪表现和沟通方式。在中国传统节庆活动中的表现尤为突出。

到了夏朝，随着生产力的逐步提高，人们有了一定的剩余产品，有了它，人与人之间就有了“礼”的要求，慢慢地形成了原始的就餐方式。当时的氏族内部，为了商讨大事而举行各种隆重的聚会，于是便形成了古代筵席的雏形，一直演变至今。

(二) 中华宴饮的演变

现代宴会的形式可以追溯到夏代前后，当时的参宴者只是在半地穴的屋子里围坐而已。到了殷商时期，用牛鼎、鹿鼎等盛器来盛装祭品祭祀祖先，祭祀完成后，参祭者围在那些装满食物的祭器旁饱餐一顿，据《礼记・表记》载：“殷人尊神，率民以事神，先鬼而后礼。”

后来的商纣王，最为奢侈，据《史记正义》记载：纣王当政，开了夜宴的先河。到了周朝时期，宴会形式由过去为祭祀而设的惯例，转变成为活人而设的宴会制度，从过去上至天子，下至庶民一概席地而坐，而出现“大射礼”“乡饮酒礼”“公食大夫礼”等诸多名目，实现了宴会边列案制度。

隋唐五代时，由席地而食发展至站立凭桌而食，后桌椅的出现将人从跪坐中解放出来。五代时，贵族家宴饮实行一人、一桌、一椅的一席制，由此产生了分食制。后来又出现了一张长桌同时坐两三位来宾的联席；到唐宋时期发展为十多人围坐大方桌的宴饮。

明朝出现了八仙桌；清康熙、乾隆年间又出现了圆桌(俗称团圆桌)，这种圆桌，现在不仅用于民间，而且还用于国宴。

图 2-1　古代宴席

(三) 宴会的发展趋势

宴会从其产生至今，不断变革、创新、规范和发展。当今中国社会正朝着社会主义现代化国家阔步迈进，经济全球化潮流尽管遇到挫折，但全球深度交流融合总体趋势不会变。现代宴会也要改革，那些陈旧的传统观念和不科学、不合理的生活方式也需要革新。这对提高人民的身体素质，使之有更加充沛的精力去从事社会主义建设，具有十分重要的战略意义。宴会发展的趋势大致如下：

1. 营养化

今后，营养科学会更多地被引入烹饪领域，宴会的饮食结构向营养化发展，更趋合理、科学，绿色食品会越来越多地在宴会餐桌上出现。暴饮、暴食、酗酒、斗酒这类不文明的饮食行为会被人们逐渐舍弃。宴会的营养化趋势具体表现形式主要根据国际、国内的科学饮食标准设计宴会菜肴，提倡根据就餐人数实际需要来设计宴会，要求用料广博，荤素调剂，营养全面，菜点组合科学，在原料的选用、食品的配置、宴会的格局上，都要符合平衡膳食的要求。

【知识链接】

中国居民膳食的八条要求

第一，食物多样，谷类为主；

第二，多吃蔬菜、水果和薯类；

第三，每天吃奶类、豆类及其制品；

第四，经常吃适量的鱼、禽、蛋、瘦肉，少吃肥肉和荤油；

第五，食量要与我们体力活动的水平平衡，保持适宜的体重；

第六，要吃得清淡、少盐；

第七，饮酒，一定要限量；

第八，要注意食物清洁，不食变质食物。

2. 节俭化

宴会反映了一个民族的文化素质，量力而行的宴会新风会被社会各阶层人士所接受、提倡以至蔚然成风。上万元一桌的“豪门宴”，菜肴中包金镶银的奢靡之风乃至捕杀国家明令禁止的野生动物的违法行为会得到有效遏制。奢侈将成为历史，提供“物有所值”的宴会产品是未来的主流。讲排场、摆阔气、相互攀比的“高消费”不正之风会随着“双文明”建设的发展而逐步消亡。

【知识链接】

崇尚节俭　杜绝餐饮浪费

节俭，是一种操守、一种品行，也是一种素养、一种美德。如果节俭之风盛行于世，将是国之本、家之幸、民之福。无论是小家还是大家都离不开节俭这个传家宝。

在和平发展的中国特色社会主义建设时期，节俭是我们党全心全意为人民服务的民意基础，也是建设资源节约型社会、落实科学发展观的根本所在。

2020年8月11日，习总书记作出重要指示强调，坚决制止餐饮浪费行为，切实培养节约习惯，在全社会营造浪费可耻、节约为荣的氛围。

牢记"取之有度，用之有节，则常足""谁知盘中餐，粒粒皆辛苦"，做到爱惜食物，尊重劳动人民的成果，保持危机意识，杜绝餐饮浪费。一粒米千滴汗，粒粒粮食汗珠换。

我们除应该保持对大自然的敬畏之心，以及积极爱护环境、营造绿色生态环境外，还应该保持居安思危，保持索取有度，崇尚节俭，杜绝浪费的心态，合理取餐，不要贪多，尽量做到每餐"光盘"。积极打造节约型绿色餐饮，积极倡导"厉行节约、反对浪费"的社会风尚。各餐饮企业在食品生产、加工、服务的全过程中杜绝浪费行为，减少餐厨垃圾；提醒消费者用餐时适度点菜、科学饮食，养成剩菜打包的习惯，提供环保打包服务，不让盛宴变"剩"宴。

"历览前贤国与家，成由勤俭破由奢""一饭一粟当思来不易，一丝一缕衡念物力维艰"，我们平时所食所用都来之不易，应经常想到物力的艰难而倍加珍惜。尽管我国粮食生产连年丰收，对粮食安全还是始终要有危机意识，全球新冠肺炎疫情所带来的影响更是给我们敲响了警钟。我们要大力弘扬中华民族勤俭节约的优秀传统，要厉行勤俭节约，杜绝餐饮浪费，将这种价值观变成为一种自觉、文化，变成一种实际行动。

3. 多样化

所谓多样化，即宴会的形式会因人、因时、因地而宜，显现需求的多样化，以及适合这种需求而出现的各种形式。宴会要有地方风情和民族特色，即能反映某酒店、地区、城市、国家、民族所具有的地域、文化、民族特色，使宴会呈现精彩纷呈、百花齐放的局面。如对待外地宾客，在兼顾其口味嗜好的同时，适当安排本地名菜，发挥烹调技术专长，显示独特风韵，以达到出奇制胜的效果。

绿色餐饮主体建设指南

4. 美境化

宴会的美境化趋势主要是指设宴会的外观环境和室内环境布置两个方面。人们特别关注室内环境的布置，关心宴会的意境和气氛是否符合宴会的主题。诸如宴会厅的选用、场面气氛的控制、时间节奏的掌握、空间布局的安排、餐桌的摆放、台面的布置、台花的设计、环境的装点、服务员的服饰、餐具的搭配、菜肴的搭配等都要紧紧围绕宴会主题来进行，力求创造理想的宴会艺术境界，给宾客以美的艺术享受。

5. 快速化

宴会的快速化是指通过控制和掌握宴会的时间，使宴会不冗长，也不拖沓，做到内容丰富，节奏紧凑，中心突出。随着菜肴道数的减少，上菜速度的加快以及灵活的宴会形式，企业会更多地采用集约化生产方式生产，半成品乃至成品会快速出现在宴会的餐桌上。

【知识链接】

智慧餐饮领军者诞生，碧桂园餐饮机器人获权威认证

2020年6月22日，碧桂园旗下千玺餐饮机器人集团打造的FOODOM天降美食王国正式开业。这是该集团第六家机器人概念餐厅，集多家门店之大成，这家新店面积约2 000平方米，有20余种共40余台餐饮机器人厨师集中“上岗”，供应近200个菜式，部分菜品最快实现秒出，可同时为近600位客人提供视觉和味蕾的科技盛宴。

与一般餐厅不同，这是集合中餐、火锅和快餐一体的餐饮旗舰店，且餐厅所供应的食物均由机器人“厨师”掌勺，而前台接待、地面配送等服务，也均由机器人完成。爆棚的科技感，让这家餐饮综合体成为中国乃至全球最具科技含量的全新餐饮场所。

对于碧桂园来说，天降美食王国既是机器人餐厅的旗舰店，更是该集团科技成果的集中展示区，其自主研发的超过20多种最新餐饮机器人均在此亮相。同一天，千玺集团自主研发生产的第二代煲仔饭机器人和迷你雪糕机器人率先获得由国家机器人检测与评定中心颁发的中国首张系统集成餐饮机器人CR(China Robot Certification)证书，开创了行业先河。

当科技大潮滚滚而至，餐饮这个最为传统而古老的行业，也不可避免地面临新技术带来的升级和更迭。中国科学院赵淳生院士评价说：“千玺机器人餐厅创新地实现了软硬件融合、人机融合，较好达成了机器人实际应用过程中的运动精确性、作业平稳性、布局多样性，在目前餐饮机器人行业中技术最先进、业态最完整、产品最丰富，不仅在很多方面填补了行业空白，还具有标杆意义和研究价值。”

可以预见，未来餐饮业将在供给侧数字化、商业模式升级、智能餐饮零售、精细化运营等方向转型加速。《国务院食品安全办等14部门关于提升餐饮业质量安全水平的意见》就指出，要全面提升餐饮业创新发展水平，推动餐饮业向大众化、集约化、标准化转型升级。

作为服务型机器人中的细分，餐饮机器人需求也呈现上升趋势，具有安全无接触式服务、食材生产加工全流程电子溯源、供餐服务效率高、24小时全天候运作、全系统智慧一体化管理等优势。

千玺集团获颁全国首张系统集成餐饮机器人CR证书，以及《食品领域机器人系统安全认证技术规范》的发布，都对推动中国餐饮业智慧转型、高质量发展有着里程碑式的意义，表明千玺集团在餐饮机器人行业，已经处于领先地位，成为当今中国乃至全球智慧餐饮行业创新升级的领军者。

6. 卫生化

宴会的卫生化不仅要求从烹饪原料和烹饪技法的选择及卫生控制和管理上着手，还要注意用餐方式变革，由原来的集餐趋向分餐，采用“各客式”“自选式”和“分食制”，许多高档宴会的上菜基本都是分餐各客制，既卫生又高雅。

7. 国际化

烹饪文化的国际交流给中国饮食文化的发展带来新的活力。宴会的国际化，即宴会的形式会更向国际标准靠拢，同国际水平接轨，这是改革开放、东西方烹饪文化交流的必然结果，也是迎合各国旅游者、商务客户需要的市场自然选择。

【知识链接】

在饮食全球化的基调下，中国餐饮是如何走向世界的

餐饮，是我国较早开放的行业，俗话说得好“民以食为天”。近年来，国际知名餐饮企业不断涌入，对我国餐饮业的经营理念、服务质量标准、文化氛围、饮食结构、从业人员素质要求等产生了深刻影响。

历经了几十年的发展与变革，受人口流动与信息技术高速发展的驱动，国内餐饮产业也逐步走出国门，饮食全球化已成必然趋势。

奶酪，曾经只是西式餐饮的一部分，而如今，随着饮食全球化的影响，奶酪俨然已经成为一种全球性的餐饮食品原料。低盐的马苏里拉奶酪、刨丝的切达奶酪等不同形态、口味丰富、用途多样的奶酪为中国饮食的创新发展提供了更多可能性。

口味差异逐渐弱化

中国饮食之所以有其独特的魅力，关键就在于它的味。在中国的烹调术中，对美味的追求几乎达到极致，浓油赤酱、红烧、熬、炖讲究的就是一个色香味俱全。而西方更多的是一种理性的饮食观念，他们更注重的是营养的摄入，讲究一天要摄取多少热量、维生素、蛋白质等等。

饮食观念的差异造就了中西方口味的差异，从前的中国菜，更注重“味”，所以在烹调过程中，会产生出较多的油烟。而从前的西式餐饮，很少在烹调方法上下功夫，比如沙拉，就是各种蔬果洗一洗、切一切、拌一拌，就完成了；牛排也就是两面煎一下，配上酱料和蔬菜。这也就是中式厨房多以封闭式独立房间为主，而西式厨房就比较随意，多为开放式，因为油烟少，即使直接与客厅连通，也不会有很大影响。近年来，随着文化与经济的发展、融合，中西方的饮食观念都发生了翻天覆地的变化。

随着中国消费者生活水平和健康意识的不断提升，消费者越来越看重饮食对健康所起到的作用，开始在健康与营养上下功夫，饮食结构以新鲜蔬果等高纤维食物为主，增加粗粮杂粮的占比，减少精制食物和加工食物，同时注重膳食均衡和多样化。

而中国餐饮对西方饮食文化的冲击也是剧烈的，越来越多的外国人爱上了中国美食，他们惊叹于中餐烹饪技法的精妙，痴迷于中式食物在味道上的层次感与变化。最近资料统计，美国的中餐馆数量已超过5万家，美式中餐馆在美国每年销售额超过210亿美元。

华人餐饮业多元发展，既有特色型餐馆，又有豪华型饭店，比如老布什酷爱的“北京饭店”烤鸭、克林顿喜爱的“美华”餐厅外卖；还有简单快捷的餐厅、小型外卖、饮食连锁店等，如陈氏连锁(Leeann Chin)、起筷(Pick Up Stix)、熊猫快餐集团(Panda Express)、香港大

家乐集团的China Inn、美国百胜餐饮集团与香港Favorite餐饮集团合资的Yan Can餐厅等。

采购范围全球化

全球化的大环境，企业可以基于全球化视野去寻求真正适合其产品特色、支撑其长足发展的原材料供应商。对于餐饮与食品企业来说，采购范围的全球化是其追求产品品质的一大表现，亦是企业彰显品牌影响力的一大元素。2018年1—10月，我国进口奶酪量约为9.7万吨，同比增长4.5%，其中从美国进口奶酪约1.1万吨，同比增长15.0%。可见，美国奶酪在中国占据重要的地位。在采购全球化的趋势下，中国市场也会变得更为重要。

文化大融合

每个民族都有属于自己独特的饮食文化，世界上有数百个民族，理应有百花齐放的饮食文化。然而，被近代世界各国所接受的饮食文化，大致上只分为两大种类，即欧洲饮食文化和中国饮食文化。欧洲的饮食文化是在政治与经济的背景下走向世界，反观之，中华饮食文化与政治权利关系不大，纯粹是中华儿女思念家乡饮食的美味，将其滋味带到异国他乡，中国餐馆才遍布于世界各地。

孙中山先生在《建国方略》中支持了这个观点："我中国近代文明先进，事事皆落人之后，惟饮食一道之进步，至今尚为文明各国所不及。中国所发明之食物，固大胜于欧美；而中国烹调法之精良，又非欧美所可并驾。中国烹调之术不独偏传于美洲，而欧洲各国之大都会渐有中国菜馆矣。日本自维新以后，习尚多采西风，而独于烹调一道嗜中国之味，东京中国菜馆亦林立焉。是知口之于味，人所同也。"

除了中式烹调技术和中餐馆遍布全世界外，中国制作的食品也传遍世界各国。例如：茶叶、饺子、油条、面条等等，尤其是豆腐，先是传到日本，接着是东南亚国家，如今更是受欧美国家欢迎，是继茶叶之后又一个畅销到世界各地的中国食品。

在互联网技术飞速发展的当下，中国的餐饮业正在经历传统与创新思潮的碰撞，本土与外来文化的糅合，继而衍生出其独特且丰富的饮食文化精髓。饮食全球化的基调已经奠定。从发展与竞争的角度来看，饮食全球化让餐饮、食品企业获得了更广阔的发展空间，与此同时，以全球为基础的竞争范围扩大，亦会加速行业竞争，倒逼行业发展。

二、中华宴饮民俗

分餐制与中华传统文化

（一）日常饮食习俗

1. 餐制

餐制是从生理需要出发，为恢复体力而形成的饮食习惯。在上古时期，人们采用的是二餐制。殷代甲骨文中有"大食""小食"之称，它们在卜辞中的具体意思分别是指一天中的朝、夕两餐，大致相当于现在所说的早、晚两餐。早餐后人们出发生产，妇女采集，男人狩猎，晚归后用晚餐。餐制适应了“日出而作，日入而息”的生产作息制度。

《孟子·滕文公上》：“贤者与民并耕而食，饔飧而活。”赵岐注：“饔飧，熟食也。朝曰饔，夕曰飧。”古人把太阳行至东南方的时间称为隅中，朝食就在隅中之前。晚餐叫飧，或叫晡食，一般在申时，即下午四时左右吃。古人的晚餐通常只是把朝食吃剩下的食物热一热吃掉。现在某些地区仍保留着一日两餐，晚餐吃剩饭而不另做的习惯。生产的发展，影响到生活习惯的改变。至周代特别是东周时代，“列鼎而食”的贵族阶层，一般已采用了三食制。

大约到了汉代，一日三餐的习惯渐为民间所采用。《论语·乡党第十》：“不时不食。”是说不到该吃饭的时候不吃。郑玄解释为：“一日之中三时食，朝、夕、日中时。”郑玄是以汉代人们的饮食习惯来注解孔子这句话的，这说明汉代已初步形成了三餐制的饮食规律，那时第一顿饭为明食，即早食，一般安排在天色微明以后；第二顿饭为强食，又称像食，也就是中午之作；第三顿饭为哺食，也称准食，即晚餐，一般是在下午3～5时之间。虽说一日三餐的餐制自汉代之后已在民间普遍实行，但还有随着季节和生产需要而采用不同餐制的。有些穷苦人家，也常年采用两餐制。但社会上层，特别是皇帝的饮食，并非按照当时礼制规定，多为一日四餐，“平旦食，少阳之始也；昼食，太阳之始也；晡食，少阴之始也；暮食，太阴之始也”。可见，人们每日进食的次数，与进食者的社会地位、经济状况以及个人兴趣均有关系。当然，一般就习俗文化来说，人们的日常餐制主要是由经济实力、生产需要等要素决定的。总体上看，一日三餐食制仍是中国人日常饮食的主流。

2. 饮食结构

饮食结构是指人们在饮食生活中食物种类与数量的组成。饮食结构的形成是一个漫长的过程，它不仅反映了人们的饮食习惯、健康状况、生活水平，也反映出一个国家经济发展的水平和农业发展的状况，是社会经济发展的重要特征。

汉民族的传统饮食结构以植物性食料为主，主食是五谷，辅食蔬果，外加少量的肉食。以畜牧业为主的一些少数民族则是以肉食为主食。

从新石器时代开始，我国的黄河、长江流城即已进入农耕社会，存在黄河流域与长江流域两种不同的主食类型，前者以粟为主，后者以稻为主。稻几乎是南方水田唯一可选主食作物，而在北方旱地则有黍、麦、菽等作物可供选择。黄河流域的仰韶文化以粟为主食，除了粟适应黄河流域冬春干旱、夏季多雨的气候特点外，还与其产量高、耐储藏、适应能力强等有关。

战国以后，随着磨的推广应用，小麦在五谷杂粮中的地位逐渐上升，成为北方居民日常生活中最重要的主粮，而南方的稻米却经数千年，其主粮地位一直未曾动摇。不仅如此，唐宋以后，水稻还不断北调。中国历史上，先后出现了“苏湖熟，天下足”“湖广熟，天下足”的谚语，苏湖、湖广均为产水稻之地。这反映出水稻重要的地位。

明清时期，我国人口增长很快，人均耕地下降。从海外引入的番薯、玉米、土豆等作物，对我国饮食结构的变化产生了一定的影响，并成为丘陵山区的重要粮食来源。我国很早就形成了谷食多、肉食少的饮食结构，这在平民百姓的日常生活中体现得更加明显。孟子曾主张一般家庭做到“鸡豚狗彘之畜，无失其时，七十者可以食肉矣”。人生七十古来稀，要等到古稀之年才能吃上肉，可见吃肉之难了。长期以来，肉食在人们饮食结构中所占的比重很小，而在所食的肉食中，猪肉、鸡肉所占比重较大。在湖泊较多的南方及沿海地区，水产品所占比重较高。虽然我国饮食结构营养水平有较大提高，但仍保持着传统饮食结构的基本特点。近年来，随着改革开放，经济水平的提高，经济条件好的居民，肉食比重已有明显增加。

3. 饮食特点

中国家庭的传统菜品多选用普通原料，制作朴实，不重奢华，以综合家庭成员口味为前提，家常味浓。讲究吃喝的殷实之家，或达官显贵、名门望族，则多成一家风格，如“谭家菜”“孔府菜”等。日常饮食，不受繁文缛节的束缚，气氛宽松自由，亲情浓郁，其乐融融。中国有尊老爱幼的传统美德，通常情况下，老少优先。平日里若有客人到来，则要盛情款待。讲究主以客为尊、客随主便、礼尚往来，习惯上老敬烟、少倒茶、男斟酒、女上菜。

受中国哲学中宏观思想的影响，“养助益充”传统饮食结构最大的不足是它的模糊性和由此而来的随意性。历代养生学家和医学家也没有明确提出量化的标准，使得人们在搭配食物的种类和数量上有很大的随意性。

（二）中国传统节日饮食习俗

中国传统节日约有150个，各有其特定的风俗习惯和活动内容。除去地区性、行业性节日外，全国各地区、各民族至今仍然盛行的主要传统节日及饮食习俗有以下几种，都有其相对应的特定的饮食内容和宴饮形式。

1. 春节

春节是历史最悠久、形式最隆重的传统节日。汉族俗称过年。农历腊月二十三日（有些地区是二十四日）就拉开过年的序幕，各家用麦芽糖等物祭送灶神，称为祭灶或过小年。此后各家打扫房屋、购买年货、准备节日新衣和食品等。“年三十”因旧岁至此而除，故又称为“除夕”，在这天全家团聚，吃年夜饭，饮分岁酒。年夜饭中都会有鱼，寓意年年有余。晚辈要向长辈行礼辞岁，长辈则给晚辈压岁钱。人们彻夜不眠，谈笑娱乐，欢度良宵，叫做“守岁”。北方人吃饺子，需在守岁时包，辞岁时吃。有些地方吃年糕，因为年糕谐言“年高”，预祝新的一年步步高，有大吉大利之意。南方人吃汤圆。初一燃放鞭炮、拜年，初二探亲访友，初五迎财神。

2. 元宵节

农历正月十五日，是一年中第一个月圆之夜，称为“元宵”。此节是一个以游乐为主题的节日，可视为中国的狂欢节。特定的食品是汤圆（南方叫汤团，北方叫元宵），象征着家人团圆和睦、生活幸福美满。元宵节是中国与汉字文化圈地区以及海外华人的传统节日之一，主要有赏花灯、吃汤圆、猜灯谜、放烟花等一系列传统民俗活动，不少地方还增加了游龙灯、舞狮子、踩高跷、划旱船、扭秧歌、打太平鼓等传统民俗表演。2008年6月，元宵节入选第二批国家级非物质文化遗产名录。

3. 清明节

农历三月、公历4月5日前后为清明节，这是一个融合了古代寒食节民俗发展而来的传统节日。清明节吃冷食，苏沪一带人们吃用糯米粉、豆沙馅做成的青团，晋南一带人们吃凉面、凉粉、凉糕。

4. 端午节

农历五月初五为端午节。端午节起源于中国，最初为古代百越地区(长江中下游及以南一带)崇拜龙图腾的部族举行图腾祭祀的节日。此节又有纪念屈原之说。自古以来端午节便有划龙舟及吃粽子等节日活动。2006年5月，国务院将其列入首批国家级非物质文化遗产名录；2009年9月，联合国教科文组织正式审议并批准中国端午节列入世界非物质文化遗产名录，成为中国首个入选世界非遗的节日。

5. 中秋节

农历八月十五日为中秋节。中秋是团圆的象征，特定食品是月饼。月饼的形式如圆月，图案也与月相关，如嫦娥奔月、银河明月、犀牛斗月、吴刚伐桂、白兔捣药等。月饼品种很多，以广式、京式、苏式、宁式、潮式最为著名。中秋之夜各家在月下陈列月饼、瓜果等物祭月拜月，祭拜完毕，全家人团聚宴饮，按人数将月饼分切成块，一边吃，一边赏月。

6. 重阳节

农历九月初九为重阳节。人们举行赏菊、插茱萸或簪菊、饮茱萸酒或菊花酒等活动，以辟恶气、御初寒，延年益寿。吃重阳糕，“糕”谐音“高”，寓意步步登高。除此之外，九月初九“九九”谐音是“久久”，有长久之意，所以常在此日祭祖与推行敬老活动。

三、中华宴饮礼仪

(一) 中国古代宴饮礼仪

中国素有“礼仪之邦”之称，出行有礼，坐卧有礼，宴饮有礼，婚丧有礼，寿诞有礼，祭祀有礼，征战有礼等等。每个礼仪都有其标准与准则，宴饮也不例外，从古至今各个朝代都有其宴饮礼仪。宴饮在皇权的统治下，带有了政治色彩的同时也有了等级的区分。

1. 坐序礼仪

宴会入席时，以长幼、尊卑、亲疏、贵贱排座序，这是宴饮礼仪中最重要的项目，也最费心思。我国古代宴饮，席位排列以左为尊或为上。《礼记·少仪第十七》云：“尊者以酌者之左为上尊。”《礼记·曲礼》：“主人入门而右，客入门而左。”《仪礼·公食大夫礼》：“宾入门左。”《史记·项羽本纪》中著名的“鸿门宴”，“项王、项伯东向坐，亚父南向坐”。座次方位同样大有讲究，一般以坐北面南为尊；坐东面西次之；坐西面东再次；面北为下首，此处通常为主人座位。坐席亦有主次尊卑之分，尊者座位通常面向大门，以示尊重。

图 2-2 古代宴席

2. 宴饮礼仪

宴饮礼仪在中国宴饮文化中占有极重要的地位。由于时代、民族、阶级、地区、季节、场合、对象等不同,导致了宴饮礼仪的千变万化。迎宾的宴饮称为“接风”“洗尘”,送客的宴席称为“饯行”。宴饮之礼无论迎送都离不开酒品,“无酒不成礼仪”。宴席上饮酒有许多礼节,客人需待主人举杯劝饮之后,方可饮用。所谓:“与人同饮,莫先起觞。”在进食过程中,同样先有主人执筷劝食,客人方可动筷。所谓:“与人共食,慎莫先尝。”在周朝,宴礼和乡饮酒礼就表现出了等级礼仪,宴礼主要表现了强化国君等级的权威,而乡饮则代表了尊重老人的礼仪。《礼记·礼器》记载:“礼之以多为贵者……天子之豆二十有六,诸公十有六,诸侯十有二,上大夫八,下大夫六。”而民间平民的饮食之礼:“乡饮酒之礼……六十者三豆,七十者四豆,八十者五豆,九十者六豆,所以明养老也。”乡饮酒是乡人会聚饮酒之礼,在这种庆祝会上,最受尊敬的是长者。

作为汉族传统的古代宴饮礼仪,一般的程序是:主人折柬相邀,到期迎客于门外;客至,互致问候,引入客厅小坐,敬以茶点;导客入席,以左为上,是为首席,相对者为二座,首座之下为三座,二座之下为四座。客人坐定,由主人敬酒让菜,客人以礼相谢。宴毕,引客人客厅小坐,上茶,直至辞别。

礼产生于饮食,同时又严格约束饮食活动。不仅讲求饮食规格,而且对菜肴的摆放也有要求。早在《礼记》中就有关于宴会食序的记载,先饮酒再吃肉菜而后吃饭的程序,与现在大致相同。在有十六种菜肴的宴会上,菜肴分别排成四行,每行四个。带骨菜肴放在主位左边,切的纯肉放在右边。饭食靠在食者左方,羹汤则放在右方。切细的和烧烤的肉类放远些,醋和酱类放近些。葱等佐料放在旁边,酒等饮料和羹汤放在同一方向。如果陈设干肉牛脯等,那弯曲的在左,挺直的在右。上菜时,要用右手握持,而托捧于左手上;上鱼肴时,鱼尾向着宾客;冬天鱼肚向着宾客的右方,夏天鱼脊向着宾客的右方。宴会有献宾之礼:先由主人取酒爵到宾客席前请饮,称为“献”;次由宾客还敬,称为“酢”;再由主人把酒注入觯后,先自饮而后劝宾客随饮,称为“酬”,这样合称“一献之礼”。

(二) 中国现代宴饮礼仪

1. 宴席座次

无论何种形式的家宴,在众多来宾中,均有其宴请的主要客人,他们或是和主人感情较好的人,或是亲友中年长的人,或是社会地位较高的人等等,这就决定了座次安排会有主桌、主位、主宾等一系列规定。座位安排得恰如其分,是家宴成功举办的一部分。按中国习俗,面对房门的位置为上,紧挨房门的位置为下。座次安排的方式如下所述:安排两桌以上的家庭宴会要分出主桌来,安排主桌应按照"面门、面南、观重点"的原则,也可将主桌安排在餐厅的重点装饰面前面。主人和副主人的座位要安排在能够纵观餐厅各桌的位置处,其他餐桌的主位应面对主桌的主位。副主人位应安排在主人位的对面,主宾位应安排在主人位的右边,现代宴会通常以右为上,即主人的右手是最重要的位置。主宾夫人在主位左边,副主宾在副主人右边,如图 2-3(A)所示。在没有副主人的情况下,可由男女主人招待宾客,座次安排,如图 2-3(B)所示。除主宾和副主宾外,其他的客人为一般客人,他们虽坐次要座位,但主人所做的一切决不可让他们感到宴会对自己毫无意义,所以应尽量让彼此熟悉的人坐在一起。另外,主人可找一些陪客,穿插于客人之间,以便招呼客人,夫妇一般不相邻。

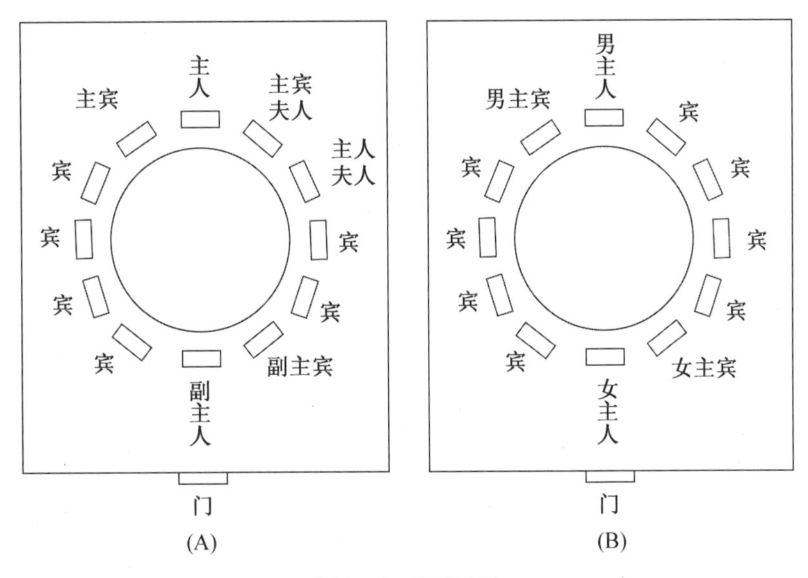

图 2-3 家宴席位

入座时的次序,一般在客人到齐后,按照主人的安排,入座时遵从先里后外的习惯,主要的和先到的客人要在餐厅里边坐,以利于安排后来的客人。当然主人也可尊重宾客自己的选择,例如关系亲密的可以自愿成为邻座;主动照顾长者的客人可以选择挨着老人的座位;同一行业的人因有共同的话题可相邻而坐;彼此交谈甚欢的客人可以为邻,以上这些座次都以宾客自愿选择为主。摆设家宴的主人最好尊重客人们的选择,这样有利于营造欢乐的气氛,让客人有一种宾至如归和"酒逢知己千杯少"的感觉。

中餐在进餐时习惯固定座次，因此不要在席间相互挪位、换位。如有特别事宜需换位时，一定要有礼貌地征求所换座位上的客人的意见，如客人同意，要帮助他拿走他所使用过的餐具等东西，再调换座位。

2. 餐桌排列

宴会场地的安排方式应根据其类型、宴会厅场地的大小、用餐人数的多少及主办者的爱好等因素来决定宴会场地的摆设规则。

宴会的摆设要选定是采用圆桌还是采用方桌。通常圆桌或方桌比较便于宾客之间进行交谈，一般中餐不会使用长方形桌。在选定了桌子类型后，需决定如何安排主桌的位置。原则上，主桌应摆在所有客人最容易看到的地方。桌位多时，还要考虑桌与桌之间的距离，一般桌距最少为 140 厘米，而最佳桌距是 183 厘米。桌距应以客人行动自如和服务人员方便服务为原则，桌距太大易造成客人之间的疏远感。具体桌位布置图如图 2-4 所示。

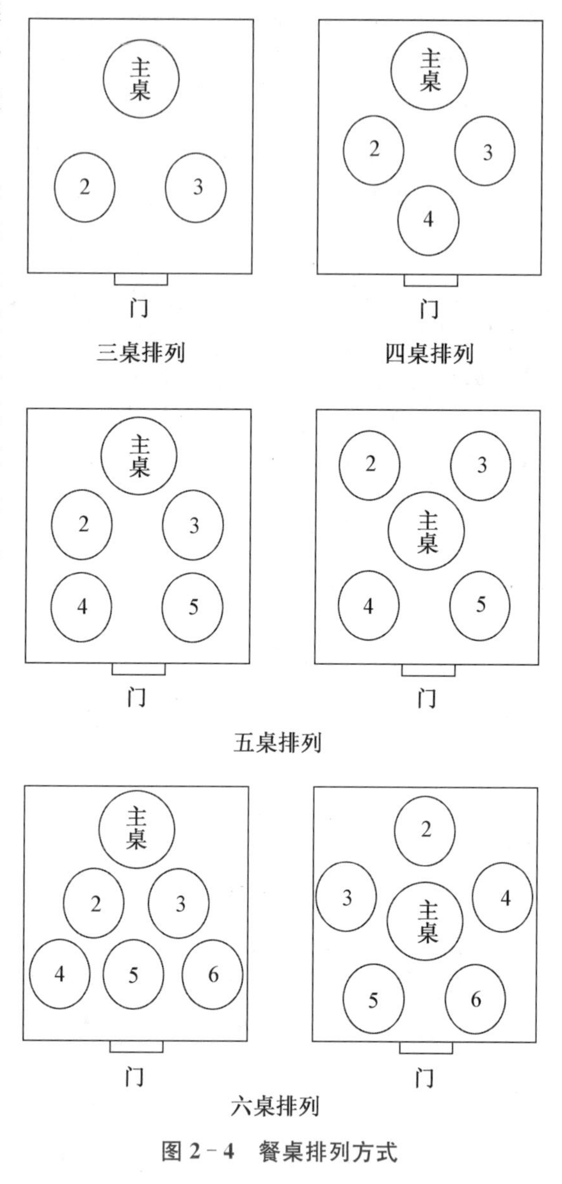

图 2-4 餐桌排列方式

3. 宴会礼仪

中国人在宴会中十分讲究礼仪。宴会中的规矩很多，各个地方也不相同，这里介绍一下宴会上的一般礼仪。在接到请柬或友人的邀请时，能否出席应尽早答复对方，以便主人安排。一般来说，接到别人的邀请后，除了有重要的事情外，都应该赴宴。参加宴会时应注意仪容仪表、穿着打扮。赴喜宴时，可穿着华丽些的衣服；而参加丧宴时，则以黑色或素色衣服为宜。出席宴请不要迟到早退，如逗留时间过短，一般会被视为失礼或对主人有意冷落。如果确实有事需提前退席，在入席前应通知主人。宾客可以选择在上了宴席中最名贵的菜之后告辞，吃了席中最名贵的菜，就表示领受了主人的盛情，也可以在约定的时间离去。

赴宴时应“客随主便”，并听从主人安排，注意自己的座次，不可随便乱坐。邻座有年长者，应主动协助他们先坐下。开席前若有仪式、演说或行礼等，赴宴者应认真听。若是丧席，应该庄重，不应随意欢笑。若是喜宴，则不必过于严肃，可以轻松点。在宴客时，主人应率先敬酒。敬酒时可依次敬遍全席，而不要计较对方的身份地位。敬酒碰杯时，主人和主宾先碰。人多时可同时举杯示意，不一定要碰杯。在主人与主宾致词、祝酒时，应暂停进餐，停止碰杯，注意倾听。席中，客人之间常互相敬酒以示友好，并活跃气氛。当遇到别人向自己敬酒时应积极示意、响应，并回敬。要注意饮酒不要过量，以免醉酒失态。

宴饮时应注意举止文明礼貌。取菜时，一次不要盛得过多，最好不要站起来夹菜。如果遇到自己不喜欢吃的菜肴，在上菜或主人夹菜时，不要拒绝，可取少量放在碗内。吃食物时应闭嘴咀嚼，嘴内有食物，不要说话，更不要大声谈笑以免喷出饭菜、唾沫。吃东西不要发出声响，如果汤太烫，可待其稍凉之后再喝。嘴内的鱼刺、骨头应放在桌上或规定的地方，不要乱吐。不要当着别人的面剔牙齿、挖耳朵、掏鼻孔等。

宴席食礼是食礼最集中、最典型，也是最为讲究的部分。我国的不同地区、不同民族在不同场合均有一些食礼食仪，有一些属于尊老爱幼、礼貌谦恭、热情和睦、讲究卫生等内容，是中华民族的优良传统，也符合现代文明的要求，对此，我们应该继承和发扬。当然，也有一些不够合理、不够健康、不够文明的成分，如一些地区对客人劝酒和饮酒必醉的习俗；一些地区男女不同席或妇女不上正席的习俗；饮食器具共用的习惯；暴饮暴食的习惯等等，则都属应当改革的陈规陋习。

四、中国菜肴文化

菜系，是指在一定区域内由于地理环境、气候、物产、文化传统以及习俗等因素的影响，在饮食上形成的各具特色的、被人们认可的、具有代表性和系统性的菜肴。中国地域辽阔，民族众多，因此各地区饮食口味不尽相同。总体来讲，中国饮食可以分为八大菜系。

表 2-1　中国八大菜系

菜系	特点	代表菜肴
山东菜系（鲁菜）	山东菜系由济南菜系和胶东菜系组成，清淡、不油腻，以香、鲜、酥、软闻名。因为使用青葱和大蒜作为调料，山东菜系通常较辛辣。同时，山东菜系注重汤品，清汤新鲜，油汤则外现厚重、味道浓重。济南菜系擅长炸、烤、煎、炒，胶东菜系则以烹制各种海产品见长。	葱烧海参、糖醋鲤鱼、德州扒鸡、九转大肠、红烧海螺等
四川菜系（川菜）	四川菜系是世界上最著名的中国菜系之一。四川菜系以香辣闻名，味道多变，有百菜百味之称。其特点是酸、甜、麻、辣香、油重、味浓，注重调味，离不开三椒（即辣椒、胡椒、花椒）和鲜姜。油炸、无油炸、腌制和文火炖煮是四川菜系基本的烹饪技术。	宫保鸡丁、麻婆豆腐、水煮鱼片、怪味鸡块、鱼香肉丝等

（续表）

菜系	特点	代表菜肴
广东菜系（粤菜）	广东菜系口味讲究鲜嫩、爽滑、生脆，擅长蒸、煎、炒、烧、烩、烤等。其中蒸和炒最常使用，可保留食材的天然风味。除此之外，粤菜还非常注重菜肴的艺术感。	烤乳猪、冬瓜盅、脆皮烧鹅等
江苏菜系（苏菜）	江苏菜系，又叫淮扬菜，发源于扬州、淮安。淮扬菜以水产作为主要原料，注重原料的鲜味。擅长雕刻，尤以瓜雕著名。特色：浓中带淡，鲜香酥烂，原汁原味汤浓而不腻，口味平和，咸中带甜。擅长炖、焖、烧、煨、炒。	松鼠鳜鱼、四喜丸子、水晶肴肉、清炖蟹粉狮子头等
福建菜系（闽菜）	福建菜系由福州菜、泉州菜、厦门菜组成，原料精选海鲜。特色：制作精巧，色调美观，烹调技艺擅长炒、熘、煎、煨，注重甜、酸、咸、香，尤以“糟”味最具特色。	佛跳墙、太极芋泥、荔枝肉、烧片糟鸡等
浙江菜系（浙菜）	浙江菜系由杭州菜、宁波菜、绍兴菜组成。特色：清、香、脆、嫩、爽、鲜。烹调技法擅长炒、炸、烩、熘、蒸、烧。杭州菜是三者中最出名的。	西湖醋鱼、龙井虾仁、东坡肉等
湖南菜系（湘菜）	湖南菜系由湘江地区、洞庭湖区和湘西的地方菜肴组成，味道极辣。其特点是用料广泛，油重色浓，口味注重鲜香、酸辣、软嫩。烹调方法擅长熏、煨、蒸、炖、炸、炒。	腊味合蒸、东安子鸡、剁椒鱼头、麻辣子鸡等
安徽菜系（徽菜）	徽菜，因徽州而得名，随徽州商人的崛起而发展。特色：选料朴实，讲究火功，重油重色，味道醇厚，保持原汁原味。徽菜以烹制山野海味而闻名。烹调方法擅长烧、焖、炖。	符离集烧鸡、黄山柴把蕨、火腿炖甲鱼、臭鳜鱼等

【知识链接】

防住“病”、管住“嘴”、保更宽、罚更狠

——聚焦野生动物保护法修订

保护野生动物

2020 年 10 月 13 日，野生动物保护法修订草案首次提请全国人大常委会会议审议。此次修法将有利于哪些野生动物保护及公共卫生安全相关领域实现防护升级？

升级一：强化检验检疫管理　加强疫源疫病监测

野生动物致病风险威胁人身安全健康。现行野生动物保护法与传染病防治法、渔业法、动物防疫法、刑法等相关法律衔接不够，野生动物保护和管理缺乏防范公共卫生安全风险的理念和制度设计，检验检疫也仍存在短板。

野生动物保护法修订草案在立法目的中增加防范公共卫生风险的内容，明确国家对野生动物实行保护优先、规范利用、严格监管、风险防范的原则，要求从源头上防控重大公共卫生风险。还要求在对野生动物及其栖息地状况的调查、监测和评估中增加野生动物疫源疫病及其分布情况的内容，加强野生动物疫源疫病监测制度，并规定加强对野生动物的检验检疫管理，与动物防疫法做好衔接。

升级二:填补监管空白　加强野生动物收容救护能力建设

当前野生动物保护范围仅包括国家和地方重点保护,以及对有重要生态、科学、社会价值的陆生野生动物的保护,对其他陆生野生动物存在监管空白。

修订草案增加对其他陆生野生动物的管理规定,禁止或者限制在野外捕捉、大规模灭杀其他陆生野生动物。还从猎捕、人工繁育、交易、运输等方面,加强对“三有”陆生野生动物全链条管理。

升级三:提升打击力度　加大处罚力度

据了解,野生动物相关的规划制定、行政许可、检疫检验以及经营、交易、运输、物流、进出口等各环节的监管执法,分别由林业草原、渔业、动物防疫、进出口检疫、市场监管、交通运输、邮政、海关、公安等部门负责。

修订草案要求坚决取缔和严厉打击非法野生动物市场和贸易,强化对猎捕、运输、交易野生动物的全链条监督管理。为确保相关规定“长出牙齿”,修订草案还强化地方政府责任、明确各有关部门职责。如县级以上地方人民政府对本行政区域内野生动物保护工作负责等。

修订草案还加大联合执法力度,增加行刑衔接规定。国家建立由林业草原、渔业主管部门牵头,各相关部门配合的野生动物联合执法工作协调机制。县级以上人民政府及其有关部门建立联合查办督办制度。野生动物保护主管部门和其他负有野生动物保护监督检查职责的部门发现违法事实涉嫌犯罪的,应当按照规定向公安机关移送。

修订草案还加大对违法行为的处罚力度。对食用和以食用为目的猎捕、交易、运输野生动物,非法捕捉、大规模灭杀、保管、处理、处置野生动物和非法提供我国特有的野生动物遗传资源增加处罚规定;以食用为目的非法猎捕、收购、运输、出售其他陆生野生动物,构成犯罪的,依法追究刑事责任。

图 2－5　禁止食用野生动物

五、中华茶文化

（一）茶文化简介

茶文化是中国制茶、饮茶的文化。中国是茶的故乡。中国人发现并利用茶，据说始于神农时代。我国第一部诗歌总集《诗经》中已有茶的记载。直到现在，汉族还有民以茶代礼的风俗。潮州工夫茶作为中国茶文化的古典流派，集中了中国茶道文化的精粹，作为中国茶道的代表入选国家级非物质文化遗产。

中国人饮茶，注重一个“品”字。“品茶”不但是鉴别茶的优劣，也带有神思遐想和领略饮茶情趣之意。在百忙之中泡上一壶浓茶，择雅静之处，自斟自饮，可以消除疲劳、涤烦益思、振奋精神，也可以细啜慢饮，达到美的享受，使精神世界升华到高尚的艺术境界。品茶的环境要求安静、清新、舒适、干净，受周边建筑物、园林、摆设、茶具的影响。中国园林世界闻名，山水风景更是不可胜数，利用园林或自然山水，用木头做亭子、凳子，搭设茶室，营造诗情画意之感。

中国茶艺在世界享有盛誉。日本的煎茶道、台湾地区的泡茶道都源自潮州的工夫茶。潮州工夫茶是广东省潮汕地区特有的传统饮茶习俗，是潮汕茶文化和潮汕茶道的重要组成部分，是中国茶艺中最具代表性的一种，融精神、礼仪、沏泡技艺、巡茶艺术、评品质量为一体，既是一种茶艺，也是一种民俗，是“潮人习尚风雅，举措高超”的象征。

唐代陆羽所著《茶经》为世界上第一部有关茶叶的专著，该书系统地总结了唐代以及唐以前茶叶生产、饮用的经验，提出了精行俭德的茶道精神。陆羽和皎然等非常重视茶的精神享受和道德规范，讲究饮茶用具、饮茶用水和煮茶艺术，并与儒、道、佛哲学思想交融。一些士大夫和文人雅士在饮茶过程中，还创作了很多茶诗，仅在《全唐诗》中，流传至今的就有百余位诗人的四百余首诗，从而奠定中国茶文化的基础。

西方各国语言中“茶”一词，大多数源于当时海上贸易港口福建、厦门及广东方言中“茶”的读音。可以说，中国给了世界茶的名字、茶的知识、茶的栽培和加工技术。世界各国的茶叶，直接或间接与我国茶叶有着千丝万缕的联系。

（二）茶文化特性

1. 历史性

我国茶文化的历史非常悠久。武王伐纣时，茶叶已作为贡品出现。原始公社后期，茶叶成为货物交换的物品。战国时期，茶叶已有一定规模。先秦《诗经》总集有茶的记载。汉朝，茶叶成为佛教“坐禅”的专用滋补品。魏晋南北朝，已有饮茶之风。隋朝，全民普遍饮茶。唐代，茶业昌盛，茶馆、茶宴、茶会出现，提倡客来敬茶。宋朝，流行斗茶、贡茶和赐茶。清朝，曲艺进入茶馆，茶叶对外贸易发展。茶文化是伴随商品经济的出现和城市文化的形成而孕育诞生的。历史上的茶文化注重文化意识形态，以雅为主，着重于表现诗词书画、品茗歌舞。茶文化在形成和发展中，融合了儒家思想，道家和释家的哲学色泽，并演变为各民族的礼俗，成为优秀传统文化的组成部分和独具特色的一种文化模式。

2. 时代性

物质文明和精神文明建设的发展，给茶文化注入了新的内涵和活力，茶文化内涵及表现形式正在不断扩大、延伸、创新和发展。新时期茶文化溶进现代科学技术、现代新闻媒体和市场经济精髓，茶文化价值功能更加显著，对现代化社会的作用进一步增强。新时期茶文化传播方式形式呈大型化、现代化、社会化和国际化趋势。

3. 地区性

名茶、名山、名水、名人、名胜孕育出各具特色的地区茶文化。中国地域广阔，茶类花色繁多，饮茶习俗各异，加之各地历史、文化、生活及经济差异，形成各具地方特色的茶文化。经济、文化发达的大城市，以其独特的自身优势和丰富的内涵，也形成独具特色的都市茶文化。上海自 1994 年起，已连续举办二十一届国际茶文化节，显示出都市茶文化的特点与魅力。

4. 国际性

古老的中国传统茶文化同各国的历史、文化、经济及人文相结合，逐渐形成英国茶文化、日本茶文化、韩国茶文化、俄罗斯茶文化及摩洛哥茶文化等。在英国，饮茶成为生活的一部分，是英国人表现绅士风度的一种礼仪，也是英国皇家生活中必不可少的环节和重大社会活动中必需的流程。日本茶道具有浓郁的日本民族风情，并形成独特的茶道体系、流派和礼仪。

中国茶的历史及其发展，反映的不仅仅是一种饮食文化过程，而是映射出一种具有五千年历史的民族的精神特质。中国茶文化的内容主要是茶在中国精神文化中的体现，这比“茶风俗”“茶道”的范畴深广得多，也是中国茶文化与欧美或日本茶文化的差异很大的原因。

中国茶文化的内容涵盖：中国的茶书、中国各地区的茶俗、茶具艺术、茶水选择、茶汤冲泡、名茶典故，但不包括茶叶种植、科技等。

（三）茶叶的种类

茶叶按其加工制造方法和品质特色通常可分为红茶、绿茶、白茶、黄茶、黑茶、乌龙茶、花茶等。

1. 红茶

红茶是一种全发酵茶，茶叶色泽乌黑，水色叶底红亮，有浓郁的水果香气和醇厚的滋味。它既可单独冲饮，也可加牛奶、糖等调饮。名贵红茶品种有祁红、滇红、英红、川红、苏红等。

2. 绿茶

绿茶是不发酵的茶叶，鲜茶叶通过高温杀青保持鲜叶原有的鲜绿色，冲泡后茶色碧绿清澈，香气清新芬芳，口味清香鲜醇。著名品种有西湖龙井、太湖碧螺春、黄山毛峰、庐山云雾等。

3. 白茶

白茶是不发酵的茶叶，白茶茸毛多，色白如银，汤色素雅，初泡无色，毫香明显。著名品种有白毫银针、白牡丹等。

4. 黄茶

黄茶是人们在炒青绿茶时发现，由于杀青、揉捻后干燥不足或不及时，叶色变黄产生的新的品类。黄茶的制作与绿茶有相似之处，不同点是多一道焖堆工序。著名品种有君山银针、蒙顶黄芽等。

5. 黑茶

黑茶属于后发酵茶，是我国特有的茶类，距今已有四百余年历史，以制成紧压茶为主。黑茶采用较粗老的原料，经过杀青、揉捻、渥堆、干燥四个初制工序加工而成。由于原料粗老，黑茶加工制造过程中一般堆积发酵时间较长，因此叶色多呈暗褐色。著名品种有云南普洱茶等。

6. 乌龙茶

乌龙茶是半发酵茶叶，又称青茶。叶片的中心为绿色，边缘为红色，故又称"绿叶红镶边"。乌龙茶以福建武夷岩茶为珍品，其次是铁观音、水仙。

7. 花茶

花茶又名片香，是以茉莉、珠兰、桂花、菊花等鲜花经干燥处理后，与不同种类的茶胚窨制而成的再生茶。鲜花与嫩茶融在一起，相得益彰，香气扑鼻，回味无穷。

（四）中国的名茶

1. 西湖龙井

西湖龙井，简称龙井，产于浙江省杭州市西湖西南龙井村四周的山区。茶园西北有白云山和天竺山为屏障，阻挡冬季寒风的侵袭，东南有九溪十八河，河谷深广，在春茶吐芽时节，这一地区常细雨蒙蒙，云雾缭绕，山坡溪间的茶园，常以云雾为伴，独享雨露滋润。《四时幽赏录》有"西湖之泉，以虎跑为最，两山之茶，以龙井为佳"的记载。历史上因产地和炒制技术的不同有狮（狮峰）、龙（龙井）、云（五云山）、虎（虎跑）、梅（梅家坞）等字号之别，其中以"狮峰龙井"为最佳。龙井茶现在分为 11 级，即特级、1 至 10 级，春茶在 4 月初至 5 月中旬采摘，全年中以春茶品质最好，特级和 1 级龙井茶多为春茶期采制，产量约占全年产量的 50%。

2. 信阳毛尖

信阳毛尖是我国著名的绿茶品种之一，亦称"豫毛峰"，产于河南信阳西南山一带。历史上信阳毛尖以五云（车云、集云、云雾、天云、连云）、一寨（何家寨）、一寺（灵山寺）等名山头的茶叶最为驰名，在清代已被列为贡茶。信阳毛尖分特级、1 至 5 级，共 6 等。谷雨前的称"雪芽"，谷雨后的称"翠峰"，再后的称"翠绿"。

3. 黄山毛峰

黄山毛峰属绿茶类，产于素以奇峰、劲松、云海、怪石四绝而闻名的安徽黄山市黄山风景区一带。这里气候温和，雨量充沛，山高谷深，丛林密布，云雾缭绕，湿度大。黄山毛峰分特级、1 至 3 级。特级黄山毛峰又分为上、中、下三等。特级黄山毛峰堪称中国毛峰茶之极品，形似雀舌，峰显毫露。其中鱼叶金黄和色如象芽是特级黄山毛峰外形与其他毛峰的显著区别。

4. 太湖碧螺春

碧螺春为绿茶中的珍品，历史悠久，清代康熙年间已成为宫廷贡茶。碧螺春产于江苏省太湖附近，茶区气候温和，土质疏松肥沃。茶树与枇杷、杨梅、柑橘等果树相间种植。果树既可为茶树挡风雨、遮骄阳，又能使茶树、果树根脉相连，枝叶相袭，茶吸果香，花熏茶味，因此形成了碧螺春独特的风味。碧螺春茶极其细嫩，一公斤茶有茶芽13万个左右。“铜丝条、螺旋形、浑身毛、花香果味、鲜爽生津”是碧螺春茶的真实写照。

5. 祁门红茶

祁门红茶是红茶中的佼佼者，以祁门的利口、闪里、平里一带最优。茶园多分布于山坡与丘陵地带，那里峰峦起伏，林木丰茂，气候温和，无酷暑寒，空气湿润，雨量充沛，土质肥厚，结构疏松，透水透气及保水性强，酸度适中，特别是春夏季，雨雾弥漫，光照适度，非常适合茶树生长。祁门红茶分1至7级，含有多种营养成分。

6. 安溪铁观音

安溪铁观音，属乌龙茶之极品，有200余年历史，产于福建省安溪县。茶区群山环抱，峰峦绵延，常年云雾弥漫，属亚热带季风气候，大部分为酸性土壤，土层深厚，有机化合物含量丰富。铁观音茶香馥郁持久，味醇韵厚爽口，齿颊留香回甘，具有独特的香味。茶叶质厚坚实，有“沉重似铁”之喻。色泽沙绿翠润，有“青蒂绿腹、红镶边、三节色”之说，茶汤金黄鲜亮，香高味厚，耐泡。

7. 白毫银针

白毫银针统称白毫，又称银针，因单芽遍披白毫，色如白银，纤细如银针，所以得此高雅之名。白毫银针产于福建省福鼎市，福鼎地处中亚热带，境内丘陵起伏，土质肥沃。以春茶一、二轮顶芽为原料，取嫩梢一芽一叶，将茶芽均匀摊在水筛上晒晾至八九成干，再文火焙干，筛拣去杂，趁热装箱。福鼎银针色白，富光泽，汤色浅杏黄，味清鲜爽口。

8. 君山银针

君山银针为黄茶类珍品，产于湖南省岳阳市洞庭湖君山岛。从古至今，君山银针以其色、香、味、奇闻名遐迩，饮誉中外。君山岛土质肥沃，茶树遍布楼台亭阁之间。君山产茶历史悠久，但产量不高。君山银针清香较浓郁，味醇甘爽，汤黄澄亮，芽壮多毫，条直匀齐，着淡黄色茸毫。

9. 云南普洱茶

云南普洱茶为黑茶的代表，主要产于云南。普洱茶的历史十分悠久，早在唐代就有贸易交易。普洱茶香气持久，带有云南大叶茶种的独特香味，滋味浓强，耐泡，经五六次冲泡仍有香味。汤澄黄浓厚，芽壮叶厚，叶色黄绿间有红斑红茎叶，条形粗壮结实，白毫密布。

普洱茶有生茶和熟茶之分。生茶即青饼，俗称生饼，由比较传统的加工工艺制成。当年的茶叶直接压制成饼，不经过人工发酵，靠时间和岁月的流逝，自然发酵。生茶茶性较烈、刺激，新制或陈放不久的生茶有强烈的苦味、涩味，汤色较浅或呈黄绿色。生茶适合长久储藏，一般5到10年的茶才好喝，汤色呈金黄色，比较透亮，有刮油的功效，不建议餐前饮用。熟茶是熟饼经过渥堆,并适度人工发酵而成的,可以直接饮用,茶饼呈深黑色,汤色呈红褐色,较红亮。

红茶冲泡技艺

云南普洱茶的鉴赏

【知识链接】

云南普洱茶的鉴赏

表 2-2　云南普洱茶的鉴赏方法

方法	标准	图片
看外观	主要看茶叶的条形、叶的鲜嫩度,通常好的普洱茶叶条形完整,为较细的嫩叶。再者嗅茶味兼看茶色。优质的云南普洱散茶的干茶陈香显露(有的会含有菌子干香、中药香、干桂圆香、樟香等),无异杂味,色泽棕褐或褐红(猪肝色)。	
看汤色	主要看汤色的深浅、明亮度。优质的云南普洱散茶,泡出的茶汤红浓明亮,具"金圈",汤上面看起来有油珠形成的膜。质次的,茶汤红而不浓,欠明亮,往往还会有尘埃状物质悬浮其中,有的甚至发黑、发乌,俗称"酱油汤"。	
闻气味	主要采取热嗅和冷嗅,热嗅看香气的纯异,冷嗅看香气的持久性;优质的热嗅陈香显著浓郁,"气感"较强,冷嗅陈香悠长,是一种干爽的味道。质次的则有陈香,但夹杂酸馊味、铁锈水味或其他杂味。	
品滋味	主要是从滑口感、回甘感和润喉感来感觉。优质的滋味浓醇、滑口、润喉、回甘,舌根生津;质次的则滋味平淡,不滑口,不回甘,舌根两侧感觉不适,甚至产生"涩麻"感。	

（续表）

方法	标准	图片
看叶底	主要是看叶底色泽、叶质，看泡出来的叶底完不完整，是不是还维持柔软度。优质的色泽褐红、匀亮，花杂少，叶张完整，叶质柔软，不腐败，不硬化；质次的则色泽发暗，发乌欠亮，花杂多，叶质腐败、硬化。	

10. 四川蒙顶茶

蒙顶茶品种较多，按大类分有散茶和成型茶，散茶有雷鸣、雀舌、白毫等；成型茶有龙闭、凤饼等。现在，蒙顶茶名茶种类有甘露、黄芽、石茶、玉叶长春、万春银针，其中甘露在蒙顶茶中品质最佳。蒙顶茶紧卷多毫、色泽翠绿、鲜嫩油润、香气清雅、味醇回甘。蒙顶茶之所以名贵，除了独特的生长自然条件外，便是其精细的采摘和加工工艺。蒙顶茶一般在清明前后5天采摘，要求采一芽一叶初展的嫩芽；制茶时，需经过杀青、初揉、炒二青、二揉、炒三青、三揉、做型提毫、烘干等工序。

六、中华酒文化

“酒文化”一词是由我国著名经济学家于光远教授提出来的。中华酒文化，是世界酒文化的重要组成部分。

（一）中国酒简介

1. 酒的分类标准

酒的品种成千上万，分类方法各不相同。按生产方式可分为蒸馏酒、发酵酒、配制酒；按酒精含量可以分为低度酒、中度酒、高度酒；根据酿酒原料可分为黄酒、白酒、果酒等。《中国酒经》把中国酒分为三个类别：一是发酵酒，即原料经过发酵使糖变成酒精后，用压榨方法使酒液和酒糟分开而得到酒液，再经陈酿、勾兑而成的酒，包括啤酒、葡萄酒、果酒、黄酒等。其特点是酒度低，营养价值较高。二是蒸馏酒，用各种原料酿造产生酒精后的发酵液、发酵醪或酒醅等，经过蒸馏技术，提取其中酒精等易挥发性物质，再经过冷凝而制成的酒，包括白酒、其他蒸馏酒。其特点是酒精含量高，几乎不含营养素，通常需要经过长期的陈酿。三是配制酒，以酿造酒（如黄酒、葡萄酒）、蒸馏酒或食用发酵酒精为酒基，用混合、蒸馏、浸泡、萃取液混合等方法，混入香料、药材、动植物等，使之形成独特的风味，其酒精含量介于发酵酒和蒸馏酒之间，加工周期短，营养价值依选用酒基和添加辅料的不同而异。

2. 中国酒分类

按照日常生活习惯将中国酒分为黄酒、白酒、果酒、啤酒和药酒五类。

表 2-3 中国酒分类

酒类	主要原料	特点与功效	分类及代表
黄酒	以糯米、玉米、黍米和大米等为原料，经酒曲、麸曲发酵酿制而成，酒精度为15°左右	酒性醇厚幽香，味感和谐鲜美，有一定营养价值。黄酒除饮用外，还可作为中药的“药引子”。在烹饪菜肴时，它又是调料，对于鱼肉等荤腥菜肴有去腥提味的作用。	1. 江南糯米黄酒，以浙江绍兴黄酒为代表；2. 福建红曲黄酒，以福建老酒、龙岩沉缸酒为代表；3. 山东黍米黄酒，以山东黍米黄酒为代表。
白酒	以高粱等粮谷为主要原料，以大曲、小曲或麸曲及酒母为糖化发酵剂，经蒸煮、糖化、发酵、蒸馏、陈酿、勾兑而制成，酒精度在30°以上。	无色透明、质地纯净、醇香浓郁、味感丰富。	1. 清香型：以山西杏花村的汾酒为代表；2. 浓香型：以四川泸州老窖特曲为代表；3. 酱香型：以贵州茅台酒为代表；4. 米香型：以桂林的三花酒和全州的湘山酒为代表；5. 其他香型。
果酒	凡是用水果、浆果为原料直接发酵酿造的酒。酒精度在15°左右。	具有其原料果实的芳香和令人喜爱的天然色泽和醇美滋味。果酒中含有较多的营养成分，如糖类、矿物质和维生素等。	1. 葡萄酒类：以张裕、长城、王朝葡萄酒为代表；2. 其他果酒类。
啤酒	以大麦为原料，啤酒花为香料，经过发芽、糖化、发酵而制成的一种低酒精含量的原汁酒。酒精度为2.5°～7.5°。	有显著的麦芽和啤酒花的清香，味道纯正爽口，含有大量的二氧化碳和维生素、氨基酸等成分，营养丰富，能帮助消化，促进食欲。	1. 根据是否经过灭菌处理，分为鲜啤和熟啤；2. 根据啤酒中麦芽汁的浓度，分为低浓度啤酒、中浓度啤酒和高浓度啤酒；3. 根据啤酒的颜色，分为黄色啤酒、黑色啤酒和白色啤酒；4. 根据啤酒中酒精含量，分为含酒精啤酒和无酒精啤酒。
药酒	以成品酒（大多用白酒）为酒基，配各种中药材和糖料，经过泡制而成的具有不同作用的酒品。	药酒是中国的传统产品，品种繁多。药酒功效各异，既是一种饮料酒，又有滋补作用；药用酒利用酒精提取药材中的有效成分，提高药物的疗效。	1. 滋补酒：以五味子酒、男士专用酒、女士美容酒为代表；2. 药用酒：以各种人参枸杞酒、人参茯苓酒为代表。

（二）中国酒文化

精酿啤酒

1. 酒令

“杯小乾坤大，壶中日月长”，无论怎样，人们在社会生活中都要直接或间接地与酒搭上关系。这种关系的物化表现就是酒趣。酒趣富于酒令之中，酒令则是以文化入酒的，是酒文化中的文化精粹。早在两千多年前的春秋战国时代，酒令就在黄河流域的宴席上出现了。酒令分俗令和雅令。猜拳是俗令的代表，雅令即文字令，通常在具有较丰富文化知识的人士间流行。白居易说："闲徵雅令穷经史，醉听新吟胜管弦。"认为酒宴中的雅令要比乐曲佐酒更有意趣。文字令又包括字词令、谜语令、筹令等。

酒令是酒与游戏的结合物。比如春秋战国时期的投壶游戏、秦汉之间的"即席唱和"等都是一种酒令。但是游戏发展成带有强制性与结束性后，就成了一种既轻松又严肃的文化现象了。西汉时吕后曾大宴群臣，命刘章为监酒令。刘章请以军令行酒令，席间，吕氏族人有逃席者，被刘章挥剑斩首，为喝酒游戏而戏掉了脑袋这也许就是戏中戏了。此即为"酒令如军令"的由来。唐宋是中国古代最会玩的朝代，酒令当然也丰富多彩。白居易便有"筹插红螺碗，觥飞白玉卮"之咏。酒令在明清两代的发展更加繁盛。清代俞敦培将酒令分为四类：占令、雅令、通令、筹令。筹令是酒令中的重头戏。

2. 酒礼

主人和宾客一起饮酒时，要相互跪拜。晚辈在长辈面前饮酒，叫侍饮，通常要先行跪拜礼，然后坐入次席。长辈命晚辈饮酒，晚辈才可举杯；长辈酒杯中的酒尚未饮完，晚辈也不能先饮尽。

古代饮酒的礼仪约有四步：拜、祭、啐、卒爵。即先做出拜的动作，表示敬意，接着把酒倒出一点在地上，祭谢大地生养之德，然后尝尝酒味，并加以赞扬，最后仰杯而尽。

在酒宴上，主人要向客人敬酒（叫酬），客人要回敬主人（叫酢），敬酒时还要说上几句敬酒辞。客人之间相互也可敬酒（叫旅酬），有时还要依次向人敬酒（叫行酒）。敬酒时，敬酒的人和被敬酒的人都要"避席"，起立。普通敬酒以三杯为度。

3. 酒俗

中国大多数民族都饮酒的习俗，且形成了各自的饮酒风格。

（1）重大节日的饮酒习俗

中国人一年中的几个重大节日，都有相应的饮酒活动，如端午节饮"菖蒲酒"，重阳节饮"菊花酒"，除夕夜的"年酒"。在一些地方，如江西民间，春季插完禾苗后，要欢聚饮酒，庆贺丰收时更要饮酒，酒席散尽之时，往往是"家家扶得醉人归"。

过年，也叫除夕，是中国人最为注重的节日，是家人团聚的日子，年夜饭是一年中最为丰盛的酒席，即使穷人或平时不怎么喝酒的，年夜饭中的酒也是必不可少的。吃完年夜饭，有的人还有饮酒守夜的习俗，正月的第一天，有的地方，人们一般是不出门的，从正月初二，才开始串门，有客人上门，主人将早已准备好的精美的下酒菜肴摆上桌子，斟上酒，共贺新春。

（2）婚姻饮酒习俗

南方的"女儿酒"，最早记载在晋人嵇含所著的《南方草木状》，说南方人生下女儿才数岁，便开始酿酒，酿成酒后，埋藏于池塘底部，待女儿出嫁之时才取出供宾客饮用。这种酒在绍兴得到继承，发展成为著名的"花雕酒"，其酒质与一般的绍兴酒并无显著差别，主要的差别是其独特的装酒的坛子。这种酒坛还在土坯时，就雕上各种花卉图案、人物鸟兽、山水亭榭，等到女儿出嫁时，取出酒坛，请画匠用油彩画出"百戏"，如"八仙过海""龙凤呈祥”“嫦娥奔月”等，并配以吉祥如意，花好月圆的“彩头”。

“喜酒”，往往是婚礼的代名词，置办喜酒即办婚事，去喝喜酒，也就是去参加婚礼。“会亲酒”，订婚仪式时要摆的酒席，喝了“会亲酒”，表示婚事已成定局，婚姻契约已经生效，此后男女双方不得随意退婚，赖婚。

“回门酒”，结婚的第二天，新婚夫妇要“回门”，即回到娘家探望长辈，娘家要置宴款待，俗称“回门酒”。回门酒只设一顿午餐，酒后夫妻双双回家。

“交杯酒”，这是我国婚礼程序中的一个传统仪节，这种风俗在我国非常普遍，如在绍兴地区喝交杯酒前，先要给坐在床上的新郎新娘喂几颗小汤圆，然后装上两盅花雕酒，分别给新婚夫妇各饮几口，再把这两盅酒混合，又分为两盅，取“我中有你，你中有我”之意，让新郎新娘喝完后，并向门外撒大把的喜糖，让外面围观的人群争抢。

“交臂酒”指夫妻在婚礼上为表示相爱，各执一杯酒，手臂相交各饮一口。

(3) 其他饮酒习俗

“满月酒”或“百日酒”，中华各民族普遍的风俗之一，在新生儿满月或百天时，摆上几桌酒席，邀请亲朋好友共贺。

“寿酒”，中国人有给老人祝寿的习俗，一般由儿女或者孙辈出面举办，邀请亲朋好友参加酒宴。

“上梁酒”和“进屋酒”，在中国农村，盖房是件大事，盖房过程中，上梁又是最重要的一道工序，故在上梁这天，要办上梁酒，有的地方还流行用酒浇梁的习俗。房子造好，举家迁入新居时，又要办进屋酒，一是庆贺新屋落成，并贺乔迁之喜，二是祭祀神仙祖宗，以求保佑。

“开业酒”和“分红酒”，这是店铺作坊置办的喜庆酒。店铺开张、作坊开工之时，老板要置办酒席，以表庆贺；店铺或作坊年终按股份分配红利时，要办“分红酒”。

“壮行酒”，也叫“送行酒”，有朋友远行，为其举办酒宴，表达惜别之情。在战争年代，勇士们上战场执行重大且有很大生命危险的任务时，指挥官们都会为他们斟上一杯酒，用酒为勇士们壮胆送行。

【知识链接】

宴饮文化特征

第一，风味多样。由于我国幅员辽阔，地大物博，各地气候、物产、风俗习惯都存在着差异，长期以来，在饮食上也就形成了许多风味。我国一直就有“南米北面”的说法，口味上有“南甜北咸东酸西辣”之分，主要是巴蜀、齐鲁、淮扬、粤闽四大风味。

第二，四季有别。一年四季，按季节而吃，是中国烹饪又一大特征。自古以来，我国一直按季节变化来调味、配菜，冬天味醇浓厚，夏天清淡凉爽；冬天多炖焖煨，夏天多凉拌冷冻。

第三，讲究美感。中国的烹饪，要求烹饪技法精湛，讲究菜肴美感，注意食物的色、香、味、形、器的协调一致。菜肴美感的表现是多方面的，无论是一个红萝卜，还是一个白菜心，都可以雕出各种造型，独树一帜，达到色、香、味、形、美的和谐统一，给人以精神和物质高度统一的特殊享受。

第四，注重情趣。我国烹饪很早就注重品味情趣，不仅对饭菜点心的色、香、味有严格的要求，而且对它们的命名、品味的方式、进餐时的节奏、娱乐的穿插等都有一定的要求。菜肴名称既有根据主、辅、调料及烹调方法的写实命名，也有根据历史典故、神话传说、名人食趣、菜肴形象来命名的，如“全家福”“将军过桥”“狮子头”“龙凤呈祥”“鸿门宴”“东坡肉”等。

第五，食医结合。我国的烹饪技术，与医疗保健有密切的联系，在几千年前有“医食同源”和“药膳同功”的说法，利用食物原料的药用价值，做成各种美味佳肴，达到对某些疾病防治的目的。

任务总结

1. 中华宴饮的起源、发展与趋势。
2. 中华宴饮民俗：日常饮食习俗、节庆习俗等。
3. 中华宴饮礼仪包括中国古代宴饮礼仪和中国现代宴饮礼仪。
4. 中华菜肴文化主要介绍中国八大菜系。
5. 中华茶文化包括中华茶文化简介和茶文化特性。
6. 中华酒文化包括酒文化、酒令、酒礼、酒俗。

任务考核

1. 写一篇论述或介绍家乡饮食文化的文章。结合实际谈谈弘扬中国饮食礼俗优良传统的方法。
2. 通过观看大型纪录片《舌尖上的中国》，感知中国传统饮食文化的博大精深。
3. 结合现今新冠疫情的形势，谈谈人们的餐饮习惯发生了哪些变化？

拓展阅读

麦当劳与中国饮食

麦当劳熟知中国市场，了解中国人的饮食习惯。为了最大限度地争取买家，他们经常根据中国国情主动争取“本土化”的策略。因为顾客中多数为孩子，所以，在店内开设“儿童乐园”，专门为孩子举办生日聚会，播放生日歌曲，赠送专门设计的玩具、礼品等。有的店对能在30秒内背诵出一则关于巨无霸汉堡包的绕口令的儿童赠送饮料。广东佛山市的一家麦当劳店甚至独具匠心地设在青少年文化宫里，儿童可以吃、玩结合。有的店还应季推出如“放飞麦当劳风筝”活动：凡在店内消费达一定数量的顾客，该店会赠送一个带麦当劳形象的风筝，并且还举办关于风筝历史和放飞的知识讲座。有的店内还设“情侣间”，以此吸引年轻人，甚至有些店还可承办某些庆典仪式。这种带有独特中国文化特征的经营理念和用餐方式使麦当劳成功中国化。结果是中国的麦当劳既不同于传统的中国饮食文化，也不同于它的西方原型，而呈现一种文化混合或杂交性。

麦当劳的中国化成为麦当劳公司的一种自觉行为。他们努力适应中国文化环境，努力在中国人面前把麦当劳塑造成中国的麦当劳，即地方企业形象。应该说，中国饮食文化在世界饮食文化中是一朵奇葩。法国、意大利、墨西哥等国的饮食在世界上也是负有盛名的，但是，没有一种饮食文化像中国饮食文化一样把哲学的理念融入其中，把医学与养生融入其中，把世俗中的礼融入其中。

（资料来源：《文化全球化与本土化的互动——麦当劳与中国饮食案例分析》）

任务二 外国宴饮文化

任务目标

知识目标：了解外国宴饮文化起源与发展，熟悉外国宴饮民俗和礼仪，掌握外国菜肴文化和饮文化的相关内容。

能力目标：能从历史学角度深入理解外国宴饮文化所包含的内容，并充分运用到跨文化交流和服务中去。

素质目标：从跨文化角度解读中外宴饮文化的差异，了解中国传统饮食文化和世界饮食文化的博大精深。

思政融合点：思维方式（从对中外宴饮文化比较中，提高学生的多维度思维：唯物思维、历史思维、辩证思维）。

案例导入

西方进食的餐具主要是刀和叉，最初只用刀，早期的刀就是石刀或骨刀，直到铁器出现以后，才改用铁刀。单独的刀不像筷，不是严格意义上的餐具，因为它是多功能的，用来屠宰、解剖、切割狩猎物或牛羊的肉，到了烧熟可食时，又兼作餐具。

15 世纪，为了改进进餐的姿势，西方开始使用双尖的叉。由于用刀把食物送进嘴里既不安全又不雅观，因此人们改用叉。叉才是严格意义上的餐具，但叉的弱点是不能切割食物。到 17 世纪末，英国上流社会开始使用三尖的叉，到 18 世纪才有了四个叉尖的叉子，所以西方人刀叉并用只不过四五百年的历史。中国人的筷子，合刀叉的功能，简单方便。尽管现今的餐具品类繁多，但仍然没有一种餐具可以取代筷子。

［**案例思考**］

1. 西方人为何不使用筷子？
2. 刀叉和筷子对东西方人生活观念有什么影响？

任务实施

一、外国宴饮起源与发展

国外餐饮业起源于古代地中海沿岸的繁荣国家，基本定型于中世纪，其发展受诸多因素的制约，在不同的历史阶段、不同的国家各具特色。

1. 古埃及

在古埃及，早在公元前1700年，已有酒店存在。考古发现了同一时期或更早时期的菜单，菜单上写的基本上是面包、禽类、羊肉、烤鱼和水果等。当时，妇女和儿童不准进入各种酒店和餐馆，但在公元前400年时，妇女和儿童已成为各种酒店和餐馆中不可缺少的一部分。通常，只有男孩可以随同父母一起去酒店和餐馆，而女孩必须等到结婚以后才能进入酒店和餐馆。

2. 古希腊

在古希腊，早期的酒店多设在各种庙宇旁。牲畜首先被人们送到庙宇中敬奉神灵，祭扫之后把牲畜抬到酒店里举行宴会，让大家分享，并开怀畅饮。约在公元前3世纪，雅典人发明了第一辆冷盘手推车，厨师将大蒜、海胆，用甜葡萄酒浸过的面包片、海扇贝和鲟鱼装在盘子里，推进餐厅供人们选择享用。这种用餐服务方式对今天的餐饮业仍有影响。

3. 古罗马

古罗马时期，餐饮业已颇具规模。庞贝古城的考古发现表明当时客栈、餐馆和酒店十分兴盛。古罗马人创造了西餐的雏形。从专业角度讲，就餐时人们使用餐巾也是由古罗马人引入餐馆的。除此之外，在餐馆的餐桌上放置玫瑰花，重大宴会时报每道菜的菜名等做法，都是由古罗马人最早在餐厅中使用的。

4. 意大利

16世纪中期，文艺复兴运动的中心意大利，其烹饪技艺在吸收各地、各国精华的基础上形成了追求豪华、注重排场、典雅华丽的风格，成为“欧洲烹饪之母”。最早的西餐起源于今天的意大利。

5. 法国

18世纪中期，法国成为欧洲政治、经济和文化中心，也促进了餐饮业的发展。法国菜选料广泛，烹饪方法考究，大量使用复合调料，使菜肴味道浓郁、丰富多彩。20世纪60年代，法国又提出“自由烹饪”的口号，改革传统烹饪工艺，更加符合现代生活的要求。因此，法国被公认为“世界烹饪王国”（世界三大烹饪王国，是指土耳其、中国和法国），法国人使得西餐的发展达到顶级程度，当今法式西餐的选料、烹饪，甚至于法式餐饮服务在全世界举世无双。

6. 美国

20世纪，美国成为世界第一强国，它的烹饪和餐饮业是世界各国移民和原住民的大融合。其“营养丰富、快速简便”的餐饮特色，随着国际经贸交流的迅猛发展而推向世界各地。

总而言之，世界餐饮业是随着人类经济活动的出现和文明程度的提高而产生和发展起来的。中西餐相互交流、相互促进、相互发展，创造了世界餐饮业的新局面。

二、外国宴饮礼仪

本书所讲的外国宴饮礼仪主要是指西餐礼仪，具体包括用餐顺序、用餐礼仪和餐具礼仪。

（一）用餐顺序

首先，我们应对西餐的用餐顺序有所了解。

表 2－4　西餐用餐顺序

用餐的不同场合	用餐顺序
正式宴请	头盘、汤、沙拉、副菜、主菜、甜点、咖啡或茶。
便餐	先点主菜，然后根据主菜点出开胃菜、汤和甜点，不必面面俱到。

（二）用餐礼仪

在西餐的用餐过程中，我们需要在哪些方面遵守用餐礼仪呢？如表所示。

表 2－5　西餐用餐礼仪

西餐用餐	用餐礼仪
落座	1. 坐姿要正，身体要直，脊椎不可紧靠椅背，一般坐座椅的 3/4 即可。 2. 落座后，将餐桌上的餐巾花取下后应两边对折或折成三角形摆放在腿部，不能将餐巾掖在领口。不可将腿在桌下向远处伸，不能跷二郎腿，也不要将手肘放到桌面上。
用餐中	1. 进餐过程中相互交谈是很正常的现象，但切不可大声喧哗，放声大笑，也不可在餐桌旁抽烟。 2. 取食时不要站立起来，拿不到的食物应请别人传递，就餐时不可狼吞虎咽。对自己不愿吃的食物也应要一点放在盘中，以示礼貌。有时主人劝客人添菜，如有胃口，添菜不算失礼。添菜需用公共餐具。同时，与中餐习惯不同，西餐中切忌用自己的餐具为别人夹菜。 3. 进餐过程中不能中途退席，如有事确需离开应向左右的客人小声打招呼。
用餐结束	应向主人表示感谢和对食物、酒水的赞赏。

（三）餐具礼仪

餐具礼仪

西餐具的基本礼仪主要体现在餐具的摆放和使用方法上。

西餐具刀叉的摆放是根据上菜先后顺序，从外到内摆放。摆位标准：左叉右刀，也就是说在客人的左边放叉；在客人的右边放刀，刀口向左，也就是向内，向外有砍人之嫌；一般有多少道菜就放多少副刀叉。客人在就餐当中，刀叉的摆放方式，传达出客人是表示用餐暂停，还是已经结束用餐。客人将刀、叉摆放成汉字的"八"字型搭在餐盘的两侧，表示用餐暂停，客人还要继续吃，不可撤盘。服务员要利用这种方式，判断客人的用餐情况，以决定是否收拾餐具准备接下来的服务。

西餐刀叉使用讲究。刀的拿法是食指压住柄背，食指尖大致在刀柄的根部，注意不要压在刀背上，其余四指握住刀柄。叉子一般有两种拿法，一种就是背侧朝上，另一种是内侧朝上。背侧朝上的拿法和拿刀子一样；内侧朝上的拿法，就像拿铅笔一样。刀、叉一般都是配合使用的，一般将叉齿向下固定食物，用刀切割，然后左手用叉将食物送入口中。

具体来说，用餐礼仪如下：

(1) 正式宴请中,每道菜配有不同的刀叉;进餐过程中应根据上菜顺序从外向内取用刀叉,要左手持叉,右手持刀;使用刀叉时,尽量不发出太大的响声。

(2) 切东西时用左手拿叉按住食物,右手执刀将其切成适当的小块,然后用叉子送入口中;大块的食物应随吃随切而不是一次性切好搁在盘中逐块叉食;使用刀时,刀刃不可向外。

(3) 盘内剩余少量菜肴时,不要用叉子刮盘子,更不要用手指相助食用,应以小块面包或叉子相助食用;吃面条时要用叉子先将面条卷起,然后送入口中。

(4) 如需中途离席而又未用完时,应将刀叉呈"八"字形摆放在餐盘边上,表示还要继续吃;每吃完一道菜,将刀叉平行斜放在餐盘中。

(5) 喝汤时不可以汤盘就口,不要啜饮,应用汤勺从里向外舀出送入口中;不要舔嘴唇或咂嘴发出声音;汤盘中的汤快喝完时,可以用左手将汤盘的外侧稍稍抬起,用汤勺舀净即可。吃完汤菜后,将汤匙留在汤盘(碗)中,匙把指向自己。

(6) 谈话过程中,可以拿着刀叉,无须放下,但若需要做手势时,就应放下刀叉,切忌手执刀叉在空中挥舞摇晃;也不要一手拿刀或叉,而另一只手拿餐巾擦嘴;也不可一手拿酒杯,另一只手拿叉取菜。进食应细嚼慢咽,嘴里不要发出很大的声响,更不能边吃边说。

(7) 除用刀、叉、匙取送食物外,如吃鸡、龙虾时,必要时也可用手取食物;吃饼干、薯片或小粒水果时,可以用手取食;吃带骨食物时应先将骨头去掉,不要用手拿着吃;吃鱼、肉等带刺或骨的菜肴时,不要直接将骨头或刺吐出,应用餐巾捂嘴吐在纸上放入盘内;吃鱼时不要将鱼翻身,要在吃完上层后用刀叉将鱼骨剔掉后再吃。

(8) 面包则一律手取,注意取自己左手前面的,不可取错;面包不可以直接拿着咬而应掰成小块送入口中;如需涂抹黄油或果酱,也应先将面包掰成小块再抹。

(9) 餐桌上,通常会备有盐、胡椒粉等作料供客人自行取用,如果距离太远,可以请人帮忙传递过来,切忌自己起身去拿。

【知识链接】

《唐顿庄园》中的礼仪

英国有句名言:"Manners maketh man."《唐顿庄园》就是千百年来英国贵族生活方式的缩影,为了制作这部剧,他们请来了最权威的历史顾问和礼仪专家打磨细节,不同场合的着装方式、餐具的摆放、食物的品鉴方式、桌子的摆放是否对准了房间的中线、银器的使用等,每一点都有讲究。

《唐顿庄园》中的礼仪

1. 坐姿——背部永远不要接触椅背

身体应坐直并将食物送至嘴边。即便吃容易掉渣儿的点心,也不要俯身去够。喝汤是唯一的例外——可以稍微颔首。

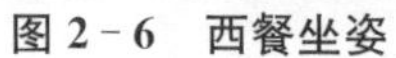

图 2-6 西餐坐姿

图 2-7 西餐宴会座次实景

2. 座次安排——男女相间，已婚夫妇隔开

《唐顿庄园》以女士为主，但在传统意义上，主人会以男女相间的原则安排宾客入座。已婚夫妇会被分开，因为通常认为夫妇两人在一起的时间已经够多了。而已订婚的夫妇会被安排坐在一起，这样他们就可以在监护人的陪同下彼此交谈了。

图 2-8 下午茶实景

3. 午餐后的加餐——下午茶

传统的晚餐要在 8:30～9:00 才开始，因此傍晚经常会饿。后来，贝德芙公爵夫人安娜·罗素发明了下午茶——晚餐前的小加餐。加餐通常包括：无边三明治、司康饼。此时一般不用刀具，而是用手掰，还可以再来点儿果酱和凝脂奶油。

4. 喝茶——有规矩

喝茶时的规矩包括：先倒茶，再倒牛奶；搅拌牛奶时，要来回反复地搅拌；茶勺要放在茶碟上离您最远的位置；不要攥着茶杯环，而应将食指和拇指在杯环内捏住，并用中指拖住杯环底部。如果桌子过低，可以在齐腰位置端着茶碟。

三、外国菜肴文化

（一）外国菜肴特点

外国菜肴主要是指以西方主要国家为代表的西餐，与中餐相比，具有以下显著特点：

(1) 重视各类营养成分的搭配组合，根据人体对各种营养(糖类、脂肪、蛋白质、维生素)和热量的需求来安排菜或烹调方式。

(2) 选料精细，用料广泛。西餐烹饪在选料时十分精细、考究，而且选料十分广泛。如美国菜常用水果制作菜肴或饭点，咸里带甜；意大利菜则会将各类面食制作成菜肴，各种面片、面条、面花都能制成美味的席上佳肴；而法国菜，选料更为广泛，诸如蜗牛、洋百合、椰树芯等均可入菜。

(3) 讲究调味，调味品种多。西餐烹调的调味品大多不同于中餐，多用如酸奶油、桂叶、柠檬等调味品。西餐的调料、香料品种繁多，烹制一份菜肴往往要使用多种香料，如桂皮、丁香、肉桂、胡椒、芥末、大蒜、生姜、香草、薄荷、荷兰芹、蛇麻草、驴蹄草、洋葱等等。

西菜常用葡萄酒作为调料，烹调时讲究以菜配酒，做什么菜用什么酒。其中法国产的白葡萄酒和红葡萄酒用得最为普遍。

(4) 注重色泽。在色泽的搭配上则讲究对比，因而色泽鲜艳，能刺激食欲。

(5) 工艺严谨，烹调方法多样。西餐十分注重工艺流程，讲究科学化、程序化，工序严谨。西餐的烹调方法很多，常用的有煎、烩、烤、焖、焗、炸、熏、铁板等十几种，其中铁板、烤、焗最具特色。

(6) 器皿讲究。烹调的炊具与餐具均有不同于中餐的特点。特别是餐具，除瓷制品外，水晶、玻璃及各类金属制餐具占很大比重。

(7) 调味沙司与主料分开单独烹制。西餐菜肴在形态上以大块为主，很少把主料切成丝、片、丁等细小形状，如大块的牛排、羊排、鸡、烤肉等。大块原料在烹制时不易入味，所以大都要在菜肴成熟后浇上沙司。沙司在西餐中占有很重要的地位，由专门的厨师制作，不同的菜烹制不同的沙司，在使用时严格区分。

(8) 注重肉类菜肴的老嫩程度。服务员在接受点菜时，必须问清宾客的需求，厨师按宾客的口味进行烹制。一般有五种不同的成熟度，即全熟(well done)、七成熟(medium well)、五成熟(medium)、三成熟(medium rare)、一成熟(rare)。

(二) 西方主要国家菜肴

1. 西餐之母——意大利餐

意大利餐起源于罗马帝国的强盛时期。意式菜肴的特点是：原汁原味，味道浓郁，以炒、煎、炸、烩等烹调方式见长。

意大利人喜爱面食，做法吃法甚多。面条品种很多，长、短、粗、细、空心、圆形、扇形、字母形、贝壳形、实心面条、通心面条等各种形状都有，烹制方法也五花八门。意大利人还喜食意式馄饨、意式饺子等。

意式菜肴的名菜有：通心粉素菜汤、焗馄饨、奶酪焗通心粉、肉末通心粉、比萨等。

2. 西菜之首——法式大餐

法国人一向以善于吃并精于吃而闻名，法式大餐至今仍名列世界西菜之首。法式菜肴的特点是：选料广泛，加工精细，烹调考究，滋味有浓有淡，花色品种多；比较讲究吃半熟或生食，重视调味，调味品种类多样。

法国人十分喜爱吃奶酪、水果和各种新鲜蔬菜。法式菜还讲究生吃，如生吃蚝、牛肉等。重视蔬菜，每道菜都必须配蔬菜。法国菜之所以享有盛名，还在于其客前烹制表演带来的视觉享受。

法式菜肴的名菜有：马赛鱼羹、鹅肝排、红酒山鸡、沙福罗鸡、奶油千层酥等。

3. 简洁与礼仪并重——英式西餐

英国的饮食烹饪有家庭美肴之称。英式菜肴的特点是：油少、清淡，调味时较少用酒，调味品大都放在餐台上由客人自己选用。烹调讲究鲜嫩，口味清淡，选料注重海鲜及各式蔬菜，菜量要求少而精。英式菜肴的烹调方法多以蒸、煮、烧、熏见长。

英式菜肴的名菜有：炸鳕鱼配炸马铃薯、烤牛肉、熏鱼、松饼等。

4. 营养快捷——美式菜肴

美国菜是在英国菜的基础上发展起来的。美式菜肴的特点是：继承了英式菜简单、清淡的特点，口味咸中带甜。美国人一般对辣味不感兴趣，喜欢铁板类的菜肴，常用水果作为配料与菜肴一起烹制，如菠萝焗火腿、菜果烤鸭。

美式菜肴的名菜有：烤火鸡、橘子烧野鸭、美式牛排、苹果沙拉、糖酱煎饼等。

5. 西菜经典——俄式大餐

沙皇时代的俄国受法国文化影响颇深，饮食和烹饪技术也主要学习法国。但经过多年的演变，逐渐形成了自己的烹调特色。俄国人喜食热食，爱吃用鱼、肉、鸡蛋和蔬菜制成的小包子和肉饼等，各式小吃颇负盛名。俄式菜肴口味较重，喜欢用油，制作方法较为简单。口味以酸、甜、辣、咸为主，酸黄瓜、酸白菜往往是饭店或家庭餐桌上的必备食品。烹调方法以烤、熏、腌为特色。

俄式菜肴的名菜有：酸黄瓜汤、冷苹果汤、鱼肉包子、黄油鸡卷等。

6. 啤酒、自助——德式菜肴

德国人对饮食并不讲究，喜吃水果、奶酪、香肠、酸菜、土豆等，不求浮华只求实惠营养，最先发明自助快餐。

（三）其他国家的餐饮

1. 日本料理

日本和食要求：食材自然、颜色鲜艳、器皿多样，塑造出视觉上的高级感，而且材料和料理法还需视季节时令变化，采用不同的烹调法和摆盘。

日本料理，主要分为两大类“日本和食”和“日本洋食”。当提到日本料理时，许多人会联想到寿司，这种日本人自己发明的食物就是“和食”；另外，源自中国的日式拉面、源自印度的日式咖喱、源自法国的日式欧姆蛋（蛋包饭）、源自意大利的日式那不勒斯意大利面等等，这些被称为“日本洋食”，虽然发源地不是日本，但经过日本人的改造已经成为一种日本料理。其中日本改造的中国菜（日式拉面、日式煎饺、天津饭、唐扬鸡块等）又被称为“日式中华料理”。

2. 韩国料理

韩国料理，也被称作“韩式料理”，选材讲究素荤搭配，营养全面，追求少而精，有少油、无味精等特点。因鼓励人体每天需要摄入 5 种颜色以上的食物，故韩国料理有“五色五味”之称，颜色为红、绿、黄、白、黑，味道为咸、辣、甜、酸、苦，概念来源于中国道家的阴阳五行。

韩国一般分家常菜式和筵席菜式，各有风味，味辣色鲜、料多实在。传统韩食多采用“定食”或者“饭床”的形式，注重一汁三菜，喜欢烤肉，在百济国时期这种形式还影响了邻国日本的飞鸟时代的料理。尝过韩式泡菜、大酱汤、石锅拌饭、参鸡汤、韩国烤牛肉等的客人都对它们难以忘怀。

【知识链接】

《美国居民膳食指南(2020—2025)》

每日饮食会对我们健康产生深远影响，遵循健康的膳食模式不仅可以满足营养需求、保持机体健康，还可以降低营养相关的慢性疾病发生风险。

《美国居民膳食指南》每5年发布一次。在北京时间2020年12月29日晚11点，美国农业部(USDA)和卫生与公众服务部(HHS)发布了《美国居民膳食指南(2020—2025)》，提供关于“吃什么和喝什么能满足营养需求，促进健康，并减少慢性疾病的风险”的建议。新指南包括了生命全周期的各类人群，对健康人群和有疾病风险的人群提出四条健康准则，包括鼓励居民合理选择食物和饮料，保持健康饮食。《美国居民膳食指南(2020—2025)》有4个核心准则推荐。

推荐一：在生命每一个阶段都应遵循健康的膳食模式。

在全生命周期的每个阶段(婴儿期、儿童期、青春期、成年期、孕期、哺乳期和老年期)，每个人都应该努力采取健康膳食模式保持身体健康。生命早期的食物选择和健康状况的影响会延至成年后，遵循健康的膳食模式将受益终生。

0～6月龄：推荐母乳喂养。建议持续母乳喂养至1岁，如果必要可适当延长母乳喂养时间。如在婴儿出生后的第1年内无法母乳喂养，可以使用铁强化婴儿配方奶粉来喂养婴儿。婴儿出生后应立即补充维生素D。

6～12月龄：增加营养丰富的辅食摄入。当婴儿可以吃辅食的时候，无需回避容易引起婴儿过敏的食物，同时注意为其提供富含铁和锌的食物，尤其是母乳喂养的婴儿。

12 月龄～成年期：在全生命周期中遵循健康膳食模式，以满足营养需求，达到健康的体重，并减少慢性疾病的风险。

推荐二：优选和享用高营养密度的食物和饮料，同时考虑个人膳食喜好、文化传统和成本。

无论年龄、种族或当前的健康状况如何，健康的膳食模式都可以造福所有个体。同时，健康的膳食模式应该是让人享受和愉悦的，而不是负担和压力。美国文化多元且复杂，没有一种单一的食谱能够满足所有居民的需求，《膳食指南》为居民提供了一个膳食模式框架，按食物组和亚组提供了建议（而不是特定的食物和饮料），旨在根据个人的需求、偏好、预算和文化传统进行健康膳食模式的定制。这种方式确保人们可以根据自己的需要和喜好选择健康食品、饮料、正餐和零食，从而“自己做主”，享受健康膳食。

推荐三：应特别关注高营养密度的食物和饮料，以满足食物组需求和能量适宜限制。

首先要保证通过食物的摄入，尤其是高营养密度的食物和饮料的摄入，满足营养需求。高营养密度的食物提供维生素、矿物质和其他促进健康的成分，很少含有或不含添加糖、饱和脂肪酸和钠。健康的膳食模式包含各食物组中高营养密度的食物和饮料，达到营养素参考摄入量的同时保证总能量摄入适宜。

健康膳食模式的核心要素包括：

各种类型的蔬菜：深绿色、红色和橙色蔬菜，大豆和杂豆在内的豆类，淀粉类蔬菜和其他蔬菜。水果：特别是全果。谷物：至少有一半为全谷物。乳制品：脱脂或低脂牛奶，酸奶，奶酪，以及/或无乳糖版本、强化的大豆饮料作为替代品。富含蛋白质的食物：瘦肉、家禽和蛋类、海产品、豆类（大豆和杂豆）、坚果和豆制品。油：植物油和食物中的油，比如海鲜和坚果。

推荐四：减少添加糖、饱和脂肪酸和钠含量较高的食品和饮料，限制酒精饮品。

少量的添加糖、饱和脂肪酸或钠的添加以满足多种食物类别的摄入是被允许的，但应限制这些成分含量高的食物和饮料。

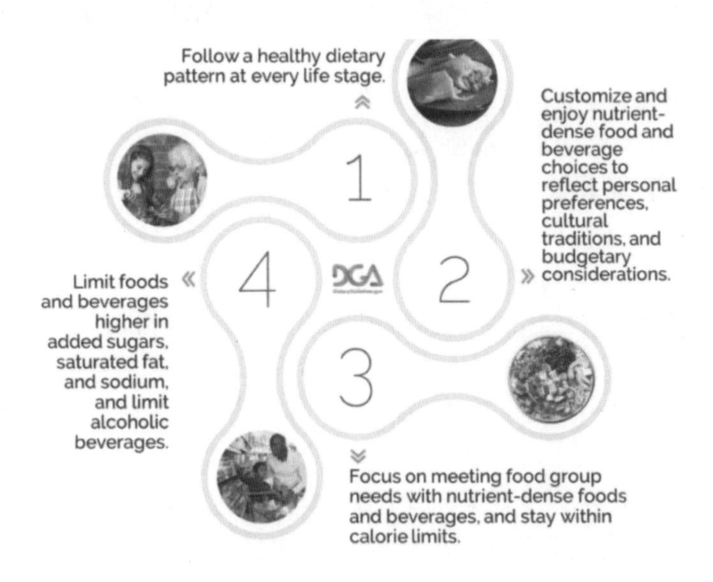

添加糖：能量占比低于总能量的10%。2岁以下儿童避免食用添加糖。

饱和脂肪酸：2岁及以上人群，饱和脂肪供能应少于每日总能量的10%。

钠：1～3岁儿童摄入量不超过1 200毫克/天；4～8岁儿童摄入量不超过1 500毫克/天；9～13岁儿童摄入量不超过1 800毫克/天；其他年龄段人群摄入量不超过2 300毫克/天。

酒精饮料：建议21岁及以上成年人限制饮酒，男性每天的摄入量应限制在2杯或更少，女性每天1杯或更少(1杯酒精饮料当量定义为含有14克酒精)；应避免暴饮(2小时内，男性饮酒5杯及以上、女性饮酒4杯及以上被视为暴饮)；对于不饮酒的人，不建议开始饮酒；怀孕或可能怀孕以及未到法定饮酒年龄的人不应饮酒。

四、外国饮文化

(一) 外国茶文化

1. 日本茶道

日本茶道由我国唐、宋时代的茶宴、禅宗哲理与日本民族习俗融合而成，是日本人民以饮茶为形式蕴涵丰富的思想和文化内涵的一种社交礼仪。

日本茶道流派众多，最著名的是千利休。他集茶道美学之大成，提出“和、敬、清、寂”四个字为茶道的根本精神，即和以行之，敬以礼之，清以泊之，寂以思之。茶道自在帮助人们修身养性，规范德行，陶冶情操，从而人人相敬，社会和谐。

茶道进行的茶室，多设在有着奇异山石和树木花草的恬静雅致的苑宅中。茶室是喝茶的地方，可以容纳五人左右，入口为活动格子门，高仅三尺，人须躬身而入以保持谦逊态度，室内陈设简朴，铺以朴实的草席，悬有名贵字画，瓶花配合季节，供人欣赏。室之右角，设有小巧木架，挂着茶壶。茶碗各用饰盒储藏，环境具有艺术美与宗教、哲学、民族的文化气息。

2. 韩国茶礼

韩国自新罗善德女王时代从中国唐朝传入喝茶习俗，经过数千年，韩国茶礼自成一派。韩国茶礼以“和”“静”为基本精神，其含义泛指“和、静、俭、真”。“和”是要求人们心地善良、和平相处；“静”是尊重别人、以礼待人；“俭”是简朴廉正；“真”是以诚相待、为人正派。茶礼的过程，从茶室陈设、书画、茶具造型与排列，到投茶、注茶、茶点、吃茶等，均有严格的规范与程序，力求给人以清净、悠闲、高雅、文明之感。

中国儒家的礼制思想对韩国影响很大，儒家的中庸思想被引入韩国茶礼之中，形成中正的茶道精神。在茶桌上，无君臣、父子、师徒之差异，茶杯总是从左传下去，而且要求茶水必须均匀，体现了追求中正的韩国茶道精神。

3. 英国红茶文化

英国人在日常生活中，经常饮用英国早餐茶及伯爵茶。其中英国早餐茶又名开眼茶，系精选印度、锡兰等各地红茶调制而成，气味浓郁，最适合早起后享用。伯爵茶则是以中国茶为基茶，加入佛手柑调制而成，香气特殊，风行于欧洲的上流社会。

英国人在喝茶时总要配上小圆饼、蛋糕、三明治等点心，通常也会配备精美的茶具。茶具多用陶瓷做成，茶具上绘有英国植物与花卉的图案。茶具除了美观之外，还很坚固，很有收藏价值。整套的茶具一般包括茶杯、茶壶、滤杓、广口奶精瓶、砂糖壶、茶铃、茶巾、保温棉罩、茶叶罐、热水壶、托盘等。

【知识链接】

世界各地茶文化

泰国人喝冰茶

在泰国，当地茶客不喝热茶，喝热茶的通常是外来的客人。泰国人喜爱在茶水里加冰。在气候炎热的泰国，饮用冰茶可以使人倍感凉快、舒适。

印度人喝奶茶

印度人喝茶时要在茶叶中加入牛奶、姜和豆蔻，这样泡出的茶味与众不同。他们喝茶的方式也十分奇特，把茶斟在盘子里啜饮，可谓别具一格。

斯里兰卡人喝浓茶

斯里兰卡的居民酷爱喝浓茶，茶叶又苦又涩，他们却觉得津津有味。斯里兰卡的红茶畅销世界各地，在首都科伦坡有经销茶叶的大商行，设有试茶部，由专家凭舌试味，再核定等级和价格。

蒙古人喝砖茶

蒙古人喜爱喝砖茶。他们把砖茶放在木臼中捣成粉末，加水放在锅中煮开，然后加上一些牛奶或羊奶。

埃及人喝甜茶

埃及人喜欢喝甜茶。他们招待客人时，常端上一杯热茶，里面放入许多白糖，同时，他们还会送来一杯供稀释茶水用的凉水，表示对客人的尊敬。

北非人喝薄荷茶

北非人喝茶，喜欢在绿茶里加几片新鲜的薄荷叶和一些冰糖，清香醇厚，又甜又凉。有客来访，主人连敬三杯，客人须将茶喝完才算礼貌。

英国人喝红茶

英国各阶层人士都喜爱喝茶，茶几乎可被称为英国的民族饮料。英国人喜爱红茶，现煮的浓茶，加一两块糖及少许冷牛奶，还常在茶里掺入橘子、玫瑰等辅料，据说这样可减少容易伤胃的茶碱，更能发挥茶的保健作用。

俄罗斯人喝花样茶

俄罗斯人先在茶壶里泡上浓浓的一壶红茶。喝时倒少许在茶杯里，然后冲上开水，根据自己的习惯调成浓淡不一的味道。俄罗斯人泡茶，常加柠檬片，也有用果酱替代柠檬片的。在冬季时则加入甜酒，预防感冒。

加拿大人喝乳酪茶

加拿大人泡茶方法较特别，先将陶壶烫热，放入一茶匙茶叶，然后注入沸水，浸七八分钟，再倒入另一热壶供饮用，通常还加入乳酪与糖。

南美洲人喝马黛茶

在南美洲许多国家，人们把茶叶和当地的马黛树叶混合在一起饮用，既提神又助消化。喝茶时，先把茶叶放入茶杯中，冲入开水，再用一根细长的吸管插入茶杯里吸吮，慢慢品味。

新西兰人喝茶最享受

新西兰人把喝茶作为人生最大的享受之一，许多机关、学校、厂矿等还特别制订饮茶时间，各乡镇茶叶店和茶馆比比皆是。

(二) 外国酒文化

1. 外国酒的类型

外国酒包括烈酒、啤酒、葡萄酒、利口酒等不同酒精含量的酒水品种。世界各地酒的种类有数万种之多，酿酒所用原材料和酒的酒精含量也有很大差异，人们为了便于了解和记忆，于是就用不同的方法将它们分类。若以生产原料对酒进行分类，大致可分为谷物酒、香料草药酒、水果酒、奶蛋酒、植物浆液酒、蜂蜜酒和混合酒七个大类。烈酒通常被分为六大类：金酒（琴酒）（Gin）、威士忌（Whisky 或 Whiskey）、白兰地（Brandy）、伏特加（Vodka）、兰姆酒（又叫罗姆酒、蓝姆酒或朗姆酒）（Rum）和龙舌兰（Tequila）。按照配餐类型可以分为餐前酒、餐中酒、甜点酒和餐后酒。

(1) 餐前酒（Aperitif）（开胃酒）。餐前酒是指有开胃功能的各种酒，在餐前饮用，是以成品酒或食用酒精为原料加入香料等浸泡而成的一种配制酒，如味美思（Vermouth）、波特酒（Port）、茴香酒（Anisette）、比特酒（Bitter）和具有开胃功能的鸡尾酒（Aperitif Cocktails）等。销售纯饮开胃酒时，将 3 至 4 块冰块放入调酒杯中，根据顾客购买的种类，将酒倒入调酒杯，用吧匙轻轻搅拌，过滤后，倒入三角形鸡尾酒杯，放一片柠檬，以托盘方法送至餐桌，放至顾客右手边，先放一个杯垫，然后将酒杯放在杯垫上。

(2) 餐中酒（佐餐酒 Table Wine）。佐餐酒主要是指葡萄酒，如红葡萄酒、白葡萄酒、玫瑰葡萄酒和有汽葡萄酒等。

(3) 甜点酒（Dessert Wine）。甜点酒是指吃点心时饮用的带有甜味的葡萄酒。这种葡萄酒酒精度高于一般餐酒，通常在 16 度以上。例如甜雪利酒（Sherry）、波特酒（Port）、马德拉酒（Madeira）。

(4) 餐后酒（After Dinner Cocktail）。餐后酒也称为利口酒（Liqueur）或考迪亚酒（Cordial），主要是指餐后饮用的可帮助消化的酒类，如白兰地等。

2. 主要外国酒水

表 2-6 主要外国酒水及饮用方法

分类	简介	饮用	品牌
白兰地(Brandy)	白兰地酒是以葡萄为主要原料,经榨汁、发酵、蒸馏制成的酒精度较高的葡萄蒸馏酒。经蒸馏的白兰地原酒必须在橡木桶熟化。	可以不掺兑任何东西"净饮",也可以加冰块、矿泉水或茶水等。	人头马(Remy Martin)、轩尼诗(Hennessy)、马爹利(Matell)、拿破仑(Courvoisier)、百事吉(Bisque)等。
威士忌(Whisky)	威士忌酒以大麦、玉米和小麦等谷物为原料,经发芽、烘烤、制浆、发酵、蒸馏、熟化和勾兑等程序制成的烈性酒。需用壶式蒸馏器至少蒸馏两次,然后在橡木桶至少熟化3年。	(1) 净饮。 (2) 冰饮法,即在威士忌杯中放入冰块。	芝华士(Chivas Regal)、皇家礼炮、红方(Red Label)及黑方(Black Label)、百龄坛(Ballantines)、威雀(Famous Grouse)、杰克·丹尼(Jack Daniels)等。
伏特加(Vodka)	伏特加酒以谷物或马铃薯为原料,经过蒸馏制成高达95°的酒精,再用蒸馏水淡化至40°~60°。	(1) 净饮。 (2) 也可加冰饮用,但最常见的是加果汁调制成鸡尾酒饮用。	波士(Boston)、红牌(Stolichnaya Vodka)、绿牌(Moskovskaya Vodka)、柠檬那亚(Limonnaya Vodka)。
朗姆酒(Rum)	朗姆酒也叫糖酒,是制糖业的一种副产品,它以蔗糖作原料,先制成糖蜜,然后再经发酵、蒸馏,在橡木桶中储存3年以上而成。	一般朗姆酒用来调制鸡尾酒。此外,朗姆酒饮用时还可加冰、水、可乐等。	百加地(Bacardi)、摩根船长(Captain Morgan)、美雅士(Myers)等。
特基拉酒(Tequila)	特其拉酒产于墨西哥,它的生产原料是龙舌兰,其糖汁发酵结束后,发酵汁除留下一部分做下一次发酵的配料之外,其余的在单式蒸馏器中蒸馏两次。	适宜冰镇后纯饮,或是加冰块饮用。它特有的风味,更适合调制各种鸡尾酒,也可以佐配食物享用。	武士(Samurai Tequila)、欧雷(Ole Tequila)、玛丽亚西(Marysia Tequila)、海拉杜拉(Heladula Tequila)、道梅拉(Meyras Tequila)等。
金酒(Gin)	又被称为"杜松子酒"。金酒可分为荷兰式金酒和英国式金酒两大类。金酒不用陈酿,酒精度一般是35°~55°,酒精度越高,质量越好。	可净饮,如荷兰金酒;或作为鸡尾酒的原料;或加冰、可乐饮用。	歌顿金酒(Gordon's Gin);将军金酒(Beefeater Gin);钻石金酒(Gilbey's Gin)等。
葡萄酒(Wine)	葡萄酒是用新鲜的葡萄或葡萄汁经完全或部分发酵酿成的酒精饮料。通常分红葡萄酒和白葡萄酒、桃红葡萄酒三种。红葡萄酒一般用红葡萄品种酿制,白葡萄酒可用白葡萄品种,或者脱皮的红葡萄品种酿制,桃红葡萄酒用红葡萄品种酿制,但浸皮期较短。	品尝葡萄酒时,温度是非常重要的一环,红葡萄酒最佳饮用温度为10℃~18℃;白葡萄酒最佳饮用温度为8℃~12℃。	嘉露酒庄(Gallo)、干露酒庄(Conchay Toro)、黄尾袋鼠酒庄(Yellow Tail)、蒙大维酒庄(Robert Mondavi)、哈迪斯酒庄(Hardys)等。

（续表）

分类	简介	饮用	品牌
鸡尾酒(Cocktail)	鸡尾酒以朗姆酒、琴酒、龙舌兰、伏特加、威士忌等烈酒或葡萄酒作为基酒，再配以果汁、蛋清、牛奶、咖啡、可可、糖等其他辅助材料，加以搅拌或摇晃而成的一种饮料，最后还可用柠檬片、水果或薄荷叶作为装饰物。	鸡尾酒一大半是冷饮，其中也有热饮。冷饮的温度一般是6 ℃～10 ℃，热饮的温度为62℃～66 ℃。	伏特加/金汤力(Vodka/Gin and Tonic)；金/伏特加马提尼(Gin/Vodka Martini)；血腥玛丽(Bloody Mary)；朗姆可乐(Rum and Cola)；玛格丽特鸡尾酒(Margarita)等。 鸡尾酒种类

（三）外国咖啡文化

咖啡与茶、可可并称世界三大无酒精饮料。咖啡以其特有的营养与功效越来越受国内外客人的喜爱，甚至已经成为了我们日常生活中不可缺少的部分。

咖啡文化(Coffee Culture)是一种文化。“咖啡”一词源自希腊语“Kaweh”，意思是“力量与热情”。咖啡树属茜草科常绿小乔木，日常饮用的咖啡是用咖啡豆配合各种不同的烹煮器具制作出来的，而咖啡豆就是指咖啡树果实内的果仁，再用适当的烘焙方法烘焙而成。

1. 咖啡种类

(1) 蓝山咖啡：酸味、甜味、苦味十分调和，又有极佳风味及香气，适合做单品咖啡，宜做中度烘焙。

(2) 古巴咖啡：以古巴水晶山著名的“Cubita”为代表。水晶山与蓝山山脉地理位置相邻，气候条件相仿。后来古巴水晶山咖啡成为古巴大使馆指定咖啡，被称为“独特的加勒比海风味咖啡”。

(3) 哥伦比亚苏帕摩(Supremo)：独特的香味，苦中带有甘味的口感令人难忘。

(4) 墨西哥科特佩(Coatepec)、华图司科(Huatusco)、欧瑞扎巴(Orizaba)：口感舒适，有迷人的芳香。

(5) 巴西圣多斯咖啡：口感香醇，中性，可以直接煮，或和其他种类的咖啡豆相混成综合咖啡。

(6) 哥伦比亚曼特宁：口感丰富扎实，有着令人愉悦的酸味。气味香醇，酸度适中，甜味丰富十分耐人寻味，适合深度烘焙。

(7) 萨尔瓦多咖啡：具有酸、苦、甜等味道特征，最佳的烘培度是中度、深度。

(8) 夏威夷咖啡：中度烘培的豆子带有强烈的酸味，深度烘培风味更上一层楼。

(9) 康娜咖啡：夏威夷康娜地区火山熔岩培育出的咖啡豆，略带葡萄酒香，风味极为独特。

(10) 爪哇咖啡：属于阿拉比卡种咖啡，烘焙后苦味极强而香味极清淡，无酸味。

(11) 危地马拉咖啡：带有上等的酸味与甜味滑润顺口，是混合咖啡的最佳材料，适合深度烘培。

(12) 乞力马扎罗咖啡：中度烘培后会散发出甜味与清淡的酸味，深度烘培后会产生柔和的苦味，适合调配混合咖啡。

2. 咖啡文化

咖啡是现代人们生活中必不可少的饮品，很多人一天的工作与学习都会从一杯咖啡开始。下面就介绍一下不同国家的咖啡文化。

(1) 中国的咖啡文化

在中国，人们越来越爱喝咖啡，随之而来的"咖啡文化"充满生活的每个时刻。无论在家还是在办公室或是社交场合，人们都在品着咖啡，有数据表明，中国的咖啡消费量正逐年上升，而且有望成为世界咖啡消费大国。而本土的云南咖啡，以其高贵的品质、低廉的价格，将推动新一轮的潮流，引导咖啡新时尚，成为中国人自己的咖啡品牌。

(2) 古老的阿拉伯咖啡文化

阿拉伯人有一套传统的喝咖啡的礼仪，很像中国的茶道。在喝咖啡之前要焚香，还要在品饮咖啡的地方撒放香料，然后宾主一同欣赏咖啡的品质，从颜色到香味，仔细地研究一番，再把精美贵重的咖啡器皿摆出来赏玩，然后才开始烹煮香浓的咖啡。

(3) 欧洲的咖啡文化

在欧洲，咖啡文化可以说是一种很成熟的文化形式了，从咖啡进入这块大陆，到欧洲第一家咖啡馆的出现，咖啡文化以极其迅猛的速度发展着，显示了极为旺盛的生命活力。在奥地利的维也纳，咖啡与音乐、华尔兹舞并称"维也纳三宝"，可见咖啡文化的意义深远。意大利人对咖啡情有独钟，咖啡已成为他们生活中最基本和最重要的元素。在起床后意大利人要做的第一件事就是马上煮上一杯咖啡，不论男女几乎从早到晚咖啡杯不离手。对法国人来说，没有咖啡就像没有葡萄酒一样不可思议。1991 年海湾战争爆发，法国人担心战争会给日常生活带来影响，纷纷跑到超级市场抢购商品，当电视台的采访记者把摄像机对准抢购商品的民众时，镜头里显示的却是顾客们手中大量的咖啡和方糖。由此可见，咖啡在西方国家如同人们的一日三餐，成了生活不可缺少的元素。

3. 咖啡礼仪

(1) 怎样拿咖啡杯

咖啡文化与礼仪

在餐后饮用的咖啡，一般用袖珍型的杯子盛。这种杯子的杯耳较小，手指无法穿出去。但即使用较大的杯子，也不要用手指穿过杯耳再端杯子。咖啡杯的正确拿法，应是拇指和食指捏住杯把儿再将杯子端起。

(2) 怎样给咖啡加糖

给咖啡加糖时，砂糖可用咖啡匙舀取，直接加入杯内；也可先用糖夹子把方糖夹在咖啡碟的近身一侧，再用咖啡匙把方糖加在杯子里。如果直接用糖夹子或用手把方糖放入杯内，有时可能会使咖啡溅出，从而弄脏衣服或台布。

(3) 怎样用咖啡匙

咖啡匙是专门用来搅咖啡的,饮用咖啡时应当把它取出来。不再用咖啡匙舀着咖啡一匙一匙地慢慢喝,也不要用咖啡匙来捣碎杯中的方糖。

(4) 咖啡太热怎么办

刚刚煮好的咖啡太热,可以用咖啡匙在杯中轻轻搅拌使之冷却,或者等待其自然冷却,然后再饮用。用嘴试图去把咖啡吹凉,是很不文雅的动作。

(5) 杯碟的使用

盛放咖啡的杯碟都是特制的。它们应当放在饮用者的正面或者右侧,杯耳应指向右方。饮咖啡时,可以用右手拿着咖啡的杯耳,左手轻轻托着咖啡碟,慢慢地移向嘴边轻啜。不宜满把握杯、大口吞咽,也不宜俯首去就咖啡杯。喝咖啡时,不要发出声响。添加咖啡时,不要把咖啡杯从咖啡碟中拿起来。

(6) 喝咖啡与用点心

有时饮咖啡可以吃一些点心,但不要一手端着咖啡杯,一手拿着点心,吃一口喝一口地交替进行。饮咖啡时应当放下点心,吃点心时则放下咖啡杯。

【知识链接】

西餐服饰礼仪

吃西餐的时候,服饰也是一件十分重要的事情。如果客人衣冠不整,是不被允许进入正规的西餐厅的。西餐宴会的正式着装需要领结。这是西方社交场合在晚宴最正式的着装守则,也称为“full dress”“evening dress”或“full evening dress”。这种全套礼服一般在国宴、正式宴会等场合穿着。

男士着装:男士要穿黑色燕尾服、与燕尾服面料相同的长裤、纯白色衬衫、白色可拆卸翼形领、白色领结、白色低领口马甲、黑色短袜、黑色宫廷鞋。

女士着装:女士要穿下摆及地的长裙。在最正式的初次社交舞会上,裙装常被要求为白色。

在半正式场合的着装要求如下:

男士着装:男士要穿晚礼服,即黑缎面前襟领子、白色衬衣、黑领结、黑腰带、黑袜子和黑色鞋子。

女士着装:女士要穿晚礼服,即长至脚踝或及膝的晚礼服、相配的小包和高跟鞋。

鸡尾酒会一般在下午4点到7点举行,要求半正式着装:

男士着装:男士要穿深色西装。

女士着装:女士穿短裙或套装,可搭配闪亮的首饰,也可搭配围巾。要穿高跟鞋,适合化浓妆。

任务总结

1. 外国宴饮的起源与发展。
2. 外国宴饮礼仪包括用餐顺序、用餐礼仪、餐具礼仪等。
3. 外国菜肴文化主要介绍外国菜肴特色、主要西方国家菜肴。
4. 外国饮文化包括外国茶文化、酒文化和咖啡文化。

任务考核

1. 西餐宴饮的主要礼仪有哪些?
2. 日本茶道与中国茶文化的区别有哪些?
3. 说出 10 种不同地域咖啡的特点。

拓展阅读

中国豆腐

现今较普遍的说法是豆腐由东汉淮南王刘安所创。唐代时的人们是否已普遍吃豆腐,尚未见记载。但到宋代,豆腐不仅已在各地生产,记述豆腐的文献史料也很多。到了元、明两代,记述豆腐的文献就更多了。如元代记宫廷饮食的《饮膳正要》、明代叶子奇《草木子》等许多著述中都谈了豆腐和豆腐制品。最引人注意的是明代很多医药书都介绍了豆腐在医疗上的种种用法。李时珍在《本草纲目》中,就收集了不少明代医药书关于豆腐的医疗用法。到了清代,豆腐已成了我国人民生活中不可缺少的食物。

生产豆腐的大豆(主要是黄豆)原产自中国,自古栽培、食用,被列为“五谷”“六谷”之一。在磨没有发明之前,直接煮食。大豆中所含蛋白质为 30%~50%,是一般粮谷类的 3~5 倍,8 种必需氨基酸的组成与比例也符合人体的需要,除蛋氨酸含量略低以外,其余与动物性蛋白质相似,是最好的植物性优质蛋白质。大豆的营养特性与中国传统农业社会以植物性食物为主、缺乏动物性优质蛋白质的营养模式恰好暗合,成为中国人补充蛋白质的绝佳植物性食物。大豆优质蛋白含量高,脂肪的营养价值也比较高,对于蛋白质来源不足的人群,也可以起到改善膳食营养结构的作用。但由于大豆中存在的一些干扰营养素消化吸收的抗营养因子,影响了大豆中各种营养素的消化与吸收。而大豆在加工成豆腐的过程中经过浸泡、脱皮、碾磨、加热等多道工序,减少了大豆中的抗营养因子,使大豆中的各种营养素的利用率都得到很大的提高。正因为豆腐的种种好处,豆腐在出现后,随着饮食文化的交流,中国的大多数少数民族都把这种从中原地区传来的食品,当作本民族的传统食品。

豆腐不但传遍中国，而且还传遍了世界。根据日本学者篠田统的考证，中国豆腐的做法传入日本的年代，大约是在元代。日本的豆腐菜也不少，但不用油盐，吃其清淡本味。

据《李朝实录》记载豆腐在我国宋朝末已经传入朝鲜。朝鲜人对于豆腐的吃法，与我们中国人是有很多不同的。在韩国和朝鲜，最常见的是白豆腐和油炸豆腐，人们最爱的是豆腐汤菜，例如豆酱、豆腐汤、辣酱豆腐汤、蛤蜊豆腐汤、明太鱼豆腐汤、黄豆芽豆腐汤、杂拌酱豆腐汤、油豆腐汤等。

20世纪初，随着华侨的增多，欧美国家开始有了豆腐。

项目综合考核

1. 考核内容

利用课程教材、学校图书馆资源、互联网及参观考察实体酒店餐饮部宴会厅，设计中西餐宴饮文化调查表，并进行宴饮文化市场调研。

2. 考核方式

本次考核以小组为单位进行收集、整理资料，小组进行课堂现场PPT汇报。

3. 评价方法

本项目考核采用综合评价方法，具体评价分值及标准如下：

小组成绩=表现成绩(20%)+内容成绩(40%)+格式成绩(20%)+创新成绩(20%)

表2-7 综合考核评价表

评价项目	小组自评(30%)	小组互评(30%)	教师评价(40%)	合计
表现：能积极主动完成，团队协作能力强。(20%)				
内容：调查表设计内容正确、科学、完整、符合要求。(40%)				
格式：调查报告格式规范、清晰语言简洁。(20%)				
创新：创新钻研，有一定实用新意。(20%)				
合计(100%)：100分	实际得分：			

项目三

宴会设计

宴会设计是酒店餐饮部提高宴会服务的一项重要工作，本项目包括中餐宴会设计与西餐宴会设计两个任务。

任务一　中餐宴会设计

任务目标

知识目标：熟悉中餐宴会主题来源与类型，掌握中餐宴会台型设计、席次设计、台面设计和菜单设计的基本知识和方法。

能力目标：根据宴会基础知识和宴会设计知识，掌握宴会设计的主要内容，能运用已经掌握的餐饮专业知识，设计中餐主题宴会。

素质目标：注重培养学生利用美学和设计学等知识进行设计、创新的能力；培养学生的集体意识和团队协作精神；培养学生精细的工匠精神和敬业意识。

思政融合点：政治认同（贯彻新发展理念）；家国情怀（弘扬中国饮食文化、养生文化、节日文化、当地特色饮食文化、民俗文化等）；职业精神（培育职业道德、劳动精神、工匠精神、劳模精神等）；健全人格（强化团队意识、互助协作）。

案例导入

西湖盛宴

案例一　G20峰会国宴餐具及菜单介绍

2016年，20国集团领导人峰会欢迎晚宴以“西湖盛宴”为主题，围绕“中国青山美丽，世界绿色未来”的设计理念，以“西湖元素”“杭州特色”为载体，通过西湖梦的主题场景布置、西湖韵的餐具器皿展现、西湖情的礼宾用品展示、西湖味的杭州菜肴烹饪、西湖秀的服务展示，向世界来宾呈现一场历史与现实交汇的“西湖盛宴”。

图3-1　西湖盛宴

整套餐具体现出“西湖元素、杭州特色、江南韵味、中国气派、世界大国”的G20国宴布置基调。国宴餐具的图案采用富有传统文化审美的“青绿山水”元素，以工笔带写意的笔触创造，布局含蓄严谨、意境清新，所有图案设计均取自西湖实景。

G20欢迎晚宴菜单充分体现了杭帮菜的特色：先是一道冷盘——西湖印月迎宾花盘；随后是“五菜一汤”——清汤松茸、松子鳜鱼、龙井虾仁、膏蟹酿香橙、东坡牛扒、四季蔬果；之后是杭州名点汇和水果冰激凌。为贵宾们提供的酒水是张裕干红2012和张裕干白2011，产地均为中国北京。

案例二　一顿讨巧的宴席

山东济南某酒店的总经理正在为接待来自台湾地区的一个高级别老人团的宴会主题而犯愁。此团的老人大多数是中华人民共和国成立前由宁波去台湾地区的，此次来济南前，该团在上海已活动了三天，上海方面安排的餐饮主要是“上海本帮风味”。情况明了之后，这位总经理便有了主意。他将该老人团在本酒店的宴会主题定为“甬菜风格”，并精心做了准备。宴会如期进行，黄泥螺、臭冬瓜、蟹糊、鳗鲞等典型宁波风味的菜肴被一扫而光，老人们异口同声地说，这是他们到大陆以来吃得最香、最满意的一餐饭。

[**案例思考**]

1. 该酒店本次接待宴会的成功体现了宴会菜单设计的什么原则？

2. 除此之外，在宴会菜单设计时还应考虑哪些原则？

[**案例评析**]

1. 该酒店本次接待宴会的成功体现了宴会菜单设计的客户导向原则，在设计宴会菜单时一定要了解客户的身份和饮食喜好，这样才能使设计的菜单满足客人的需要。

2. 除此之外，在宴会菜单设计时还应该考虑主题突出原则和合理搭配原则。因为宴会主题不同，菜肴形式也不相同。同时还要考虑菜品、调味、造型、色彩、营养、烹调方法等的合理搭配。

任务实施

一、中餐宴会主题来源与类型

主题的确定是宴会设计的第一步骤，也是核心环节。我们要根据宴会性质和顾客特点，拟定恰当的主题，运用台面设计艺术，营造良好的宴会气氛，如珠联璧合宴、蟠桃庆寿宴、大展宏图宴等。凝练一个优秀的主题并不容易，宴会设计者应具有较高的文化素养和较全面的综合知识，需要深刻解读背后深厚的文化内涵，挖掘本质。主题来源是决定主题的重要因素，从目前的发展态势来看，中餐主题来源一般可以分为8大类，包含23种不同的主题类型。

表 3-1　中餐宴会主题来源与类型

主题来源	设计类型	设计特点	适用宴会
地域民族特色类	1. 以地域民风民俗及地方文化为主题； 2. 以地域代表性自然景观为主题； 3. 以地域文化及其景观为主题； 4. 以特定民族风情为主题。	这类主题特色鲜明，文化挖掘难度较小，能够比较容易抓住设计的灵魂，较好地凸显设计方的想法。以地域特色为主题进行宴会设计时，需要进行细致的考究，使地域特色与餐饮文化形成完美到位的契合。	运河宴、长江宴、长白宴、岭南宴、巴蜀宴、壮乡宴等。
历史材料类	1. 以古今著名文化及其景观为主题； 2. 以著名历史人物为主题； 3. 以经典文学著作与历史故事为主题； 4. 以宫廷礼制为主题。	对史料类主题的巧妙设计可以给人们带来不同寻常的文化享受，能够凸显设计者独特的审美视角和文化功底。体现主题的要素要具有典型性，切忌简单地生搬硬套，沦为一堆模型的堆砌，而无任何新意可言。	乾隆宴、孔子宴、三国宴、水浒宴、宫廷宴等。
人文休闲意境类	1. 以对具体事物的赞美为主题； 2. 以某种抽象的审美情趣为主题； 3. 以表达人际间的某种情感为主题。	此类主题是借助餐饮形式来表达人的情感意志，它关注的是人际间的情感表达和人的审美情趣，寓情于景，既给人以视觉上的美的享受，又能引起观者的情感共鸣。	茶宴、流金岁月怀旧宴、梦幻丛林宴等。
食品原料类	1. 以季节性食品原料为主题； 2. 以地域特色性食品为主题。	食品原料类主题的宴会，选取的食品原料要具有地方或季节特色，食品原料的利用价值能够支撑起一桌主题宴会的分量，且要具有一定的文化内涵。如若只是一味盲目跟风，对食品原料的特性和烹制方法研究得不够深入，文化渊源挖掘不彻底，就会导致所设计出来的主题空洞无物，单调乏味，缺乏支撑。	野菜宴、镇江江鲜宴、安吉百笋宴、云南百虫宴、海南椰子宴等。
养生保健类	1. 以某些养生食品为主题； 2. 以特定养生理念为主题。	养生主题的宴会能够吸引消费者的眼球，给设计者带来可观的经济收益。对主题的挖掘要建立在科学性的基础上，对于养生的方法和食材要有比较权威和科学的把握。宴席的布置要与养生的主题相协调，无论是所用器具的质地、造型与色彩都要与养生的主题相呼应。	健康美食宴、中华药膳宴、长寿宴等。
节庆及祝愿类	1. 以中西节日为主题； 2. 以大型庆典活动为主题； 3. 以对生活的美好祝愿或期望为主题； 4. 以对人的祝福为主题； 5. 婚宴类主题。	这类主题的宴会使用较为广范，且具有一定的周期性，可重复利用，其运作过程较易控制。设计过程要认真细致，要注意各种节庆和庆典活动中特定的标志物、公认的礼仪规制以及操作程序，切忌因为对节日庆典活动的特色和规格认识不足而贻笑大方。	婚宴、春节宴、元宵节宴、情人节宴、母亲节宴、中秋节宴、圣诞节宴、周年庆宴等。

（续表）

主题来源	设计类型	设计特点	适用宴会
休闲娱乐类	1. 以某种娱乐节目为主题； 2. 以某些特色运动项目为主题； 3. 以某种时尚生活方式为主题。	这类主题是为迎合现代人的喜好而诞生的，较易受到人们的喜爱。但是，在挖掘的过程中要注意所选取的事物与餐饮的契合，过渡要自然，切忌生搬硬套。	歌舞晚宴、时装晚宴、魔术晚宴等。
公务商务类	1. 以某种重大事件为主题； 2. 以商务宴请为主题。	这类宴会主题鲜明、政治性强、目的明确、场面气氛庄重高雅，接待礼仪严格。	奥运宴、答谢宴、迎宾宴等。

大赛案例及更多中餐主题宴会设计作品

【知识链接】

大赛案例一：吴韵流芳

主题分类：地域民族特色类

［**主题创意说明**］

本主题创意设计以吴文化典型代表之一的昆曲作为核心要素，以精致唯美的江南园林艺术为背景，巧妙使用黑檀木托盘，将古韵昆曲文化和非遗的绢人制作工艺完美结合，展示了江南核心区域吴文化的流光溢彩，营造了颇具地域文化特色的美好意境。

［**设计元素解析**］

园林是可以看的昆曲，昆曲是可以听的园林，园林和昆曲，构成江南人几百年来共同拥有的精神家园，是江南吴地文化对于美的忠诚守护。

主题说明牌采用昆曲常用道具——折扇。布草选用浅棕色和灰色作为主色调，与中国传统文化传承相协调。菜单、筷套和牙签袋风格设计一致，均采用昆剧脸谱、盘边勾花设计，精致点题。菜单选用昆曲折子戏形式，菜单内容从“昆曲六百年”中得到灵感，既展示了昆曲的前世今生，又与中餐养生文化交相辉映。

吴，太湖文化孕育于此，江南文明缘此成长。古韵清幽雅昆曲，水阁花榭，曲自天然。盛世中国，吴韵流芳！

大赛案例二：暗香疏影

主题分类：人文休闲意境类

［**主题创意说明**］

本主题创意设计以“四君子”之一的梅花为核心要素。以虬曲苍劲的枝干展示了梅花的高洁孤傲，粉红雪白的重瓣展示了梅花的柔美动人。梅花五瓣，是五福的象征，一是快乐，二是幸福，三是长寿，四是顺利，五是我们最希望的和平，不仅展示了梅花特有的韵味，还表现了颇具中国传统思想的美好期盼。

[设计元素解析]

“折梅逢驿使，寄与陇头人。江南无所有，聊赠一枝春。”陆凯与范晔交善，自江南寄梅花一枝与范晔，浓浓友情倾注于一枝梅中。主题说明牌以梅花为背景，用“疏影横斜水清浅，暗香浮动月黄昏”来体现主题。布草选用淡黄色为主色调，与梅花的形象相协调。菜单、筷套和牙签袋风格设计与梅韵一致，含苞欲放，暗香浮动。菜单选用梅花为背景，呼应主题。菜单内容从古代文人墨客咏梅的诗词中寻求灵感，既展示了古人以梅花表示对友人的思念，又完美表达老百姓对美好未来的期盼。

大赛案例三：浪漫喜事

主题分类：节庆及祝愿类

[主题创意说明]

这是一台彰显传统特色的婚宴主题设计，名为“浪漫喜事”。中式传统婚宴既要讲究漂亮喜庆，也要追求美好寓意。我们的设计思想是：尊崇传统而不落俗套，体现喜庆而不失浪漫。

[设计元素解析]

大红台布搭配同色系主题鲜明的餐巾折花，营造了浓浓的喜庆气氛，紫红色的纱幔衬托着主题花篮，温暖、别致而浪漫。在绚烂的玫瑰和百合花丛中，新郎新娘翩翩起舞，恩恩爱爱、和和美美。同时散落着的红枣、花生、桂圆和莲子，祝福新人早生贵子。龙凤呈祥的台签，举案齐眉的红烛，也象征着这对新人，在未来的日子里，相敬如宾，幸福万年长！

二、中餐宴会台型设计

宴会台型设计是根据宴会主题、接待规格、赴宴人数、习惯禁忌、特别需求、时令季节和宴会厅的结构、形状、面积、空间、光线、设备等情况，设计宴会的餐桌排列组合的总体形状和布局。

(一) 设计原则

中餐宴会台型设计原则是“突出主桌，合理布局”。具体包括以下四点：第一，中心第一，突出主桌或主宾席。第二，先右后左。按国际惯例，主人右席客人的地位高于主人的左席。第三，近高远低。依被邀请客人的身份而言，身份高的离主桌近，身份低的离主桌远。第四，方便合理。宴会台型应合理、美观、整齐、大方。其目的是合理利用宴会厅条件，表现宴会举办人的意图，体现宴会规格标准，烘托宴会气氛，便于宾客就餐和员工席间服务。

（二）设计要求

表 3－2　不同规模宴会台型设计要求

规模	台型设计要求	
小型（1～10 桌）	1 桌	放于宴会厅的中央位置，宴会厅的屋顶灯对准桌心。
	2 桌	餐桌应根据厅房的形状及门的方位而定，分布成横“一”字形或竖“一”字形，第一桌在厅堂的正面上位。
	3 桌	正方形：摆成“品”字形； 长方形：摆成“一”字形。
	4 桌	正方形：摆成正方形； 长方形：摆成菱形。
	5 桌	正方形：摆成“器”字形或梅花瓣形； 长方形：主桌位于厅房正上方，其余摆成正方形。
	6 桌	正方形：摆成梅花瓣形或金子形； 长方形：摆成菱形、长方形或三角形。
	7 桌	正方形：摆成六瓣花形； 长方形：主桌在正上方，六桌在下，呈竖长方形。
	8～10 桌	主桌摆放在宴会厅正面或居中摆放，其余各桌按顺序排列，或横或竖，可双排或三排。
中型（11～30 桌）	参考 8～10 桌宴会的台型设计。如果宴会厅够大，也可以将餐桌摆设成别具一格的图案。中型宴会无论将餐桌摆成哪一种形状，均应突出主桌。如果主桌由一主两副组成，则摆成一主宾桌与两副主宾桌。中型及以上宴会均应在主桌的后侧设讲话台和麦克风。	
大型（31 桌以上）	大型宴会由于人多、桌多，投入的服务力量也大，为指挥方便，行动统一，应视宴会的规模将宴会厅分成主宾席和来宾席等若干服务区。 主宾区可以设一桌，用大圆桌或用“一”字形台、U 形台等，也可以设三桌或五桌，即一主两副或四副。主宾餐桌位置要比副主宾餐桌位置突出，同时台面要略大于其他餐桌。来宾席区，视宴会的大小可分为来宾 1 区、2 区、3 区等。大型宴会的主宾区与来宾区之间应留有一条较宽的通道，其宽度应大于一般来宾席桌间的距离，如条件许可，至少为两米，以便宾主出入，席间通行方便。大型宴会又设立与宴会规模相协调的讲台，如有乐队伴奏，可将乐队安排在主宾席的两侧或主宾席对面的宴会区外围。	

（三）编排台号

台号是餐台位置的标识，可方便客人入座与员工服务。小型宴会的主桌编为 1 号（大型宴会主桌可以不编号），所有餐桌均应编号。可按剧院座位排号法编号，左边为单号，右边为双号，尽可能用小写的阿拉伯数字印刷体。安排桌号时应照顾到宾客的风俗习惯，如有欧美宾客赴宴时，编排台号时应避开 13 号桌。不便排台号时，可用花名作为台号。大型宴会的台号号码架的高度不要低于 40 厘米，方便客人从餐厅的入口处就可清楚看到，餐台少时可适当低一些。台号一般放在餐台中央，也可放于主人、主宾餐位中间靠餐台内侧处。台号牌应保持清洁。

（四）画制图形

宴会前，画出宴会的整个场景示意图，并写出图示说明。较为简单的物品配置可直接在布置示意图上标出，复杂情况下则另列清单，以便有关人员逐一落实。绘制好的宴会台号位置图，放置在客人入口的显眼处，方便客人查找餐桌号码和位置。宴会组织者根据宴会台号图划分员工工作区域，检查工作执行情况，宴会主人可按宴会台号图来安排所有客人的座位。

（五）设计关键

中餐宴会台型设计是根据主办人的要求、餐厅的形状、餐厅内的装修布置的特征来进行的，其目的是合理利用宴会的场地，表现出主办者的用意，体现宴会的规格标准，方便服务人员的服务，为此必须掌握如下关键内容：

1. 台型要美观

中餐宴会台型设计应根据餐厅的形状和大小及人数的多少来安排，桌与桌之间的距离以方便客人进出，有利于服务员上菜、斟酒、换盘为宜。在整个宴会餐桌的布局上，要求有一定的造型，美观整齐。

2. 主桌要突出

中餐宴会大多用圆台，餐桌在排列时，要突出主桌位置，一般主桌应放在面向餐厅大门、能够纵观全厅餐饮活动情况处。主要宾客活动空间要比其他餐桌宽敞一点，还要注重对主桌的装饰，主桌的台布、餐椅、餐具、花草等也应与其他餐桌有所区别。

3. 餐桌要选准

根据客人的多少及要求，合理地选择餐桌的尺寸。餐桌有直径为 1.5 m 的圆桌，每桌可坐 8 人左右；有的直径为 1.8 m 的圆桌，每桌可以坐 10 人左右；还有的直径 2～2.2 m 的圆桌，可坐 12～16 人；如主桌人数比较多，可设置特大圆餐桌，每桌坐 20～24 人。根据宴会主题的设计，是否考虑摆放转盘，如不放转盘的特大圆桌，可在桌子中间摆放鲜花等作为装饰。

4. 服务要讲究

重要宴会或高档宴会为了讲究卫生和提高档次，可考虑采用中餐西吃的服务方式，即所有餐饮服务都在工作台上进行，然后逐一分给客人。大型宴会除了主桌外，所有餐桌应编号，桌号牌应放在客人从餐厅的入口处就可以看到的位置，客人亦可从门口告示牌上的座位图知道自己的位置。宴会厅也可安排服务人员在门口进行引导。

三、中餐宴会席次设计

席次，指同一餐桌上的席位高低。席位安排是宴会服务的一项重要工作，席位安排是否得当不仅关系礼节，而且也关系到服务质量。

（一）设计原则

中餐宴会的席次安排原则是：

(1) 前上后下。在宴会中座位在前是上座,座位在后是下座。

(2) 右高左低,主宾居右。位于主人右手边的座位比左手边的座位要尊贵,主宾在主人的右手边。

(3) 中间为尊。位于餐桌中间的座位为尊贵的座位。

(4) 面门为上、观景为佳、临墙为好。面对着门的座位为上座,能观赏景色的座位为最佳座位,靠近背景墙的座位也是最好的座位。在宴会中为了表示对客人的尊重、礼貌,应以主人座位为基准把主宾安排在恰当的座位上。

(5) 好事成双。即每张餐桌人数为双数,吉庆宴会尤其如此。

(6) 各桌同向。即每张餐桌的排位均大体相似。

在外交活动宴会中,礼宾次序是设计宴会细节的主要依据。在编排席位之前,首先要把已经落实出席的主宾双方的出席名单分别按礼宾次序开列出来。除了礼宾顺序之外,在具体安排座位时,还要考虑其他一些因素,如多国客人之间的政治关系等。为了便于谈话,我国一般按客人职务排列,如夫人出席,通常把女方排在一起,即主宾坐在男主人右上方,其夫人坐在女主人右上方。

(二) 席次设计

1. 方桌

在中餐宴会中,方桌每边安排两个席位,也称八仙桌,是以方桌上方即靠宴会厅正面墙为上座,上方又以右边为主宾,左边为主人。通常将主人安排在餐桌左上方的席位上,其他客人依次按照从上至下、从右至左的顺序安排。如图 3-2 所示。

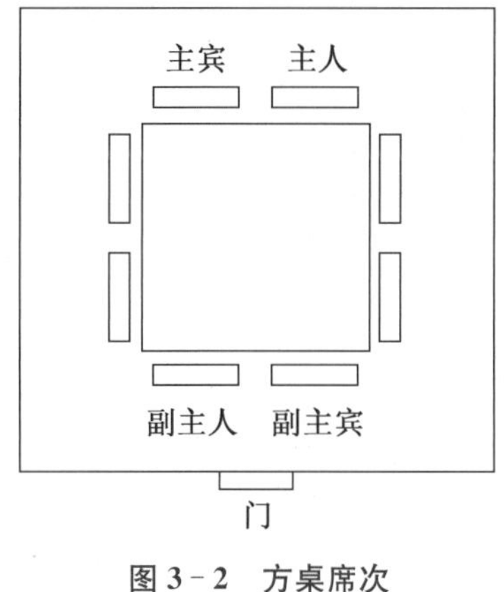

图 3-2 方桌席次

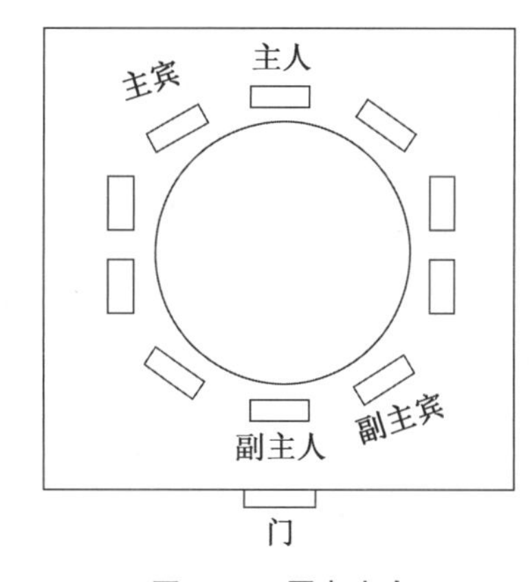

图 3-3 圆桌席次

2. 圆桌

圆桌席位并没有统一的安排方法。其特点是吸取西餐席位的安排规则,以右为尊,主客交叉。

(1) 把主人安排在餐桌上方的正中间,将主宾席位安排在主人的右边,将副主宾席位安排在副主人的右边,其他客人则按照从右至左、从上至下的顺序依次安排。如图 3-3 所示。

(2) 男主人右上方为主宾位，左上方为副主宾位，如图 3－4 所示。如果客人是外宾，有翻译陪同，翻译应安排在靠近主宾右边的席位，这样可便于宾主在宴会中交谈，如图 3－5 所示。

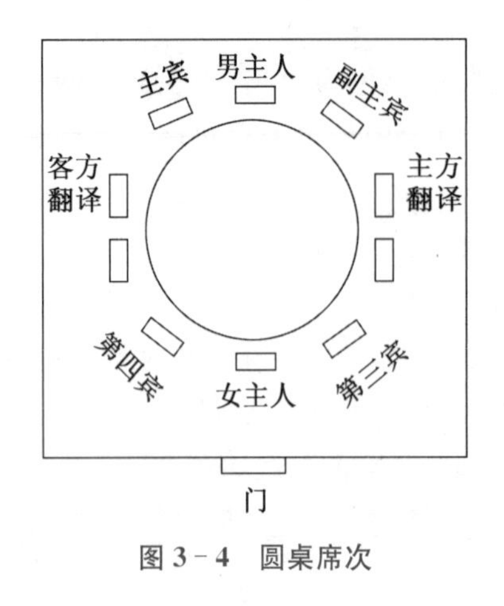

图 3－4 圆桌席次

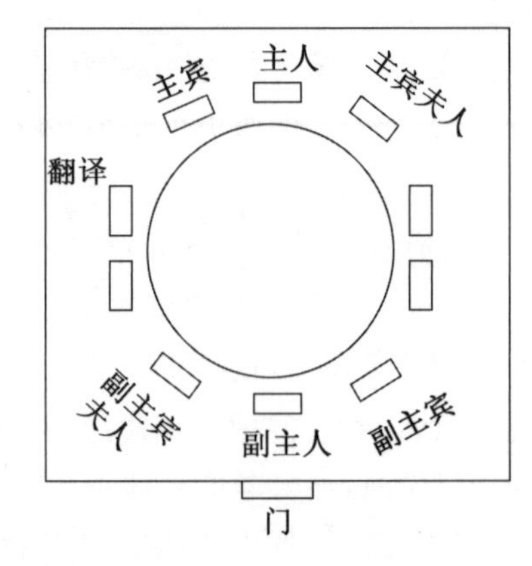

图 3－5 圆桌席次

(3) 如果主宾带夫人，主人也带夫人，则排列如图 3－6 所示。

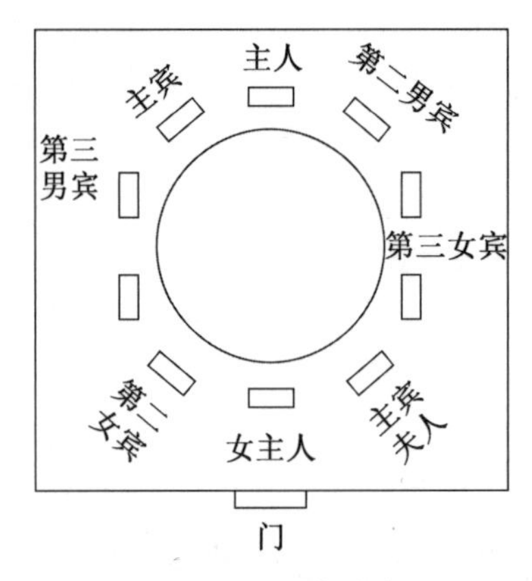

图 3－6 圆桌席次

(4) 对于多桌宴会的席次安排，其重点是确定各桌的主人位。以主桌主人位为基准点，各桌第一主人(主办单位代表)位置的安排有两种方式：一种是各桌第一主人位与主桌主人位的位置和朝向相同；另一种是各桌第一主人位与主桌主人位置遥相呼应。具体来说，台型左右边缘桌次的第一主人位相对，并与主桌主人位形成 90°角，台型底部边缘桌次第一主人位与主桌主人位相对，其他桌次的主人位与主桌的主人位相对或朝向相同。如图 3－7、3－8 所示。

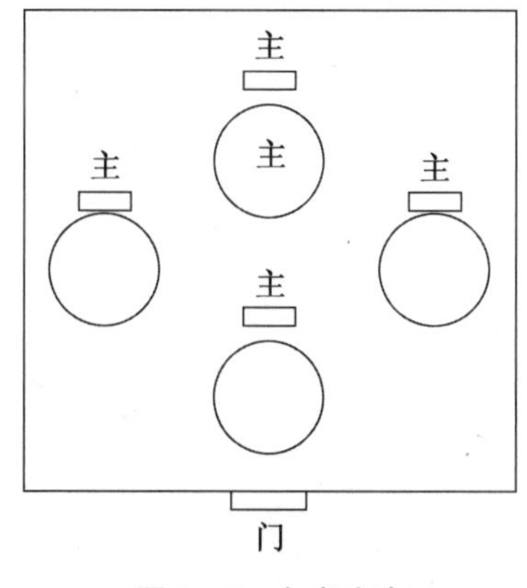

图 3－7　多桌席次

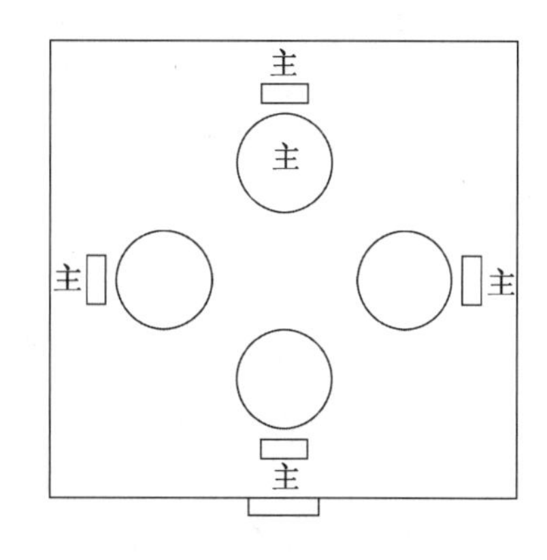

图 3－8　多桌席次

（5）一般宴会的席位安排特例。在有些情况下，主宾身份高于主人，为表示对他的尊重，可以把主宾安排在主人位，而主人则坐在主宾位，副主人坐在主宾的左侧。

在举行一些民间传统宴会（如婚宴、寿宴）时，中式宴会的座次安排必须遵循中国传统的礼仪和风俗习惯。一般原则是“高位自上而下，自右而左，男左女右”。

3. 席次的具体安排

具体实施席次安排时，通常由席次卡来体现。席次卡即根据饭店总体形象而设计的精美的宴会座次卡，一般为长方形，通常将出席宴会的宾客姓名用毛笔、钢笔书写或直接打印在席次卡上，字迹要清楚、整齐。一般中方宴请将中文写在上方、外文写在下方；外方宴请则将外文写在上方、中文写在下方。通常，由宴会主办单位负责人或主人根据赴宴者身份、地位、年龄等，将写有宾客名字的席次卡放置于相应的座位上。大型宴会一般预先将宾客座次打印在请柬上，以便客人抵达时能迅速找到自己的座位。

【知识链接】

“以右为上”礼节的由来

以右为尊、以右为上的礼数从古至今，由来已久，在中西方文化交流中亦达成共识。那么你知道以右为上的礼节从哪里来吗？

据说在冷兵器时代，人们争斗的武器是剑和刀。一般情况下，人们将剑和刀持于身体的左侧，且以左手执刀剑的居多。当双方放弃争斗、愿意和平协商时，一方将对方让于自己的右位就座，实际上是将最有利于进攻的位置让给了对方，而将最不利于进攻又不利于防守的位置留给了自己，这无疑最充分地表达了自己向往和平的诚意，最充分地展示了主人的豁达，也恰恰解释了礼仪和礼节的真谛，即礼仪、礼节是将方便让给别人、将不利留给自己的一种仪式。

四、中餐宴会台面设计

案例导入

难忘的满月宴

某日，某五星级酒店宴会部接到一位李先生的预订电话，其想在酒店为女儿举办一个小型的满月宴，大概有四十人参加。李先生特别强调全家对女儿非常喜爱，希望酒店精心设计，为女儿举办一个难忘的满月宴。接到此任务的宴会部立刻组织相关人员进行讨论，并分派了任务，其中小刘负责宴会餐台的设计。接到任务后，小刘与李先生进行了交流，了解了客人的具体意愿和要求，然后和同事一起设计策划了本次满月宴。首先，因为根据客人的要求设计为中式宴会，人数为四十人左右，所以他们选择了一间可摆放4桌的宴会厅。其次，他们对宴会餐台进行了如下设计：宴会餐台取名"掌上明珠"。整个台面主要采用紫色和白色，紫色代表优雅、高贵、魅力、温和、浪漫，白色代表纯洁、美丽，紫色加上白色代表了优美、动人，表达了对女孩的祝愿；餐台中心的艺术插花主要采用白掌托着一盏闪着七色光的彩灯，如同托着一颗明珠，晶莹剔透，美丽乖巧，印证了"掌上明珠"的主题；灯中的红色花朵预祝孩子今后的日子红红火火、蒸蒸日上；口布花蝴蝶造型预示女孩将来翩翩动人的美丽身姿。

宴会当天，精美的台面受到了参加宴会的亲朋好友的称赞，李先生非常高兴，宴会结束后不仅为酒店送上了一封感谢信，还介绍很多朋友来酒店就餐和举办宴会。

[**案例思考**]

1. 你认为本案例中小刘他们的台面设计如何？

2. 从本案例中你得到了什么启示？

[**案例评析**]

1. 本案例中宴会部小刘他们设计的台面巧妙地将宴会的主题和主人的愿望艺术性地展现在餐桌上，既反映了举办宴会的目的，也为客人展现了一种精神方面的优质服务。

2. 从本案例中可以看出，宴会台面设计在突出宴会主题、烘托宴会气氛、明确宴会档次、体现服务水平等方面起着非常重要的作用。

宴会是现代人们生活中常见的一种社交活动形式。成功的宴会由众多因素组合而成，其中宴会台面设计是最重要的因素之一。宴会台面设计又称餐桌布置艺术，它是针对宴会主题，运用一定的心理学、美学、营养学、卫生学、营销学等知识，采用多种手段，将各种宴会台面用品进行合理摆设和装饰点缀，使整个宴会台面形成一个符合宴会整体气氛的造型。设计完美的宴会台面可以突出宴会主题、烘托宴会气氛、体现宴会档次、安排宾客座序、展现服务水平。应该说，现代宴会台面设计已不仅仅是一种服务技能，同时也是一门科学，更是一门艺术。

(一)宴会台面类型及特点

表3-3　宴会台面类型及特点

类型	举例	特点
按用途分	餐台(素台、食台、正摆台)	其特点是按照就餐人数的多少、菜单的编排和宴会的标准来配备。餐位用品摆放在每位客人的就餐席位前,餐具用具简洁美观,公共用品摆放比较集中,各种装饰物摆放较少,四周设坐椅。这种台面服务成本低、经济实惠,多用于中档宴会,也用于高档宴会。
	花台(艺术餐台)	除了餐具、酒具、布件摆放要合理、美观外,最重要的是采用鲜花、细花、盆景、花篮、各种工艺美术品和雕刻物品等组合成艺术品,构成各种新颖、别致、得体的台面。这种台面设计既满足了宴会的用餐要求,又展现了餐台的艺术美。这种台面多用于中、高档宴会。
	看台(观赏台面、展台)	根据宴会的性质、内容,把桌面上的各种餐具、酒具和装饰物品组合成各种造型,供宾客在就餐前观赏。在开宴上菜时,撤掉桌上的各种装饰物品,再把餐具分给各位宾客,让宾客在进餐时使用。这种台面一般用于民间宴会、风味宴会和特别高档的宴会。
按餐饮风格分	中餐宴会台面	大多以圆形台面为主,常用的餐具有餐碟、汤碗、汤勺、味碟、筷子、筷架和各种酒杯。一般摆10个台位,寓意十全十美。台面设计的造型图案采用中国传统吉祥图饰,如鸳鸯、寿桃、蝴蝶、金鱼、孔雀、折扇等。
	西餐宴会台面	西餐宴会一般采用方形台面、长方形台面或用方形、长方形餐台组合的其他形状的台面。西餐台面常用的餐具有展示盘、面包盘、黄油碟和各种餐刀、餐叉、餐勺、酒杯等。
	中西合璧式宴会台面(中餐西吃宴会台面)	在招待外宾时,一般用中餐宴会圆台或西餐宴会的各式台面,餐具有中餐的筷子、骨碟、汤碗与西餐用的刀、叉、勺和各种酒具,进餐方式为美式服务(各客式分菜服务),台面造型为中西合璧式。
按就餐方式分	聚餐式台面	中式宴会采用聚餐方式用餐,多位就餐者围一个圆桌而坐,每一桌都铺台布,摆餐位餐具、公用餐具用具和装饰用品。上菜后主人夹第一筷菜给主宾后,大家才可伸筷。
	分餐式台面	西式宴会采用分餐式用餐,按客人所点的菜肴配备使用的餐具,将按照菜单确定的餐具全部摆在餐桌上,还要摆放水杯、葡萄酒杯、烈酒杯。公用餐具较多,一般不摆在餐台上,而摆放在旁桌上。餐桌上只摆放椒盐瓶、牙签筒、烛台、装饰用品。
	自助餐台面	在自助餐宴会摆台中,服务盘、骨盘、公用餐具用具都放在自助餐台的各种菜盆的旁边。用餐巾花来定位,在餐巾花两侧摆放正餐刀、叉,左刀右叉,在餐巾花上方摆放饮料杯、葡萄酒杯、烈酒杯,并摆放椒盐盅。在自助餐台中央摆放装饰花。

(二)宴会台面设计原则

1. 特色原则

突出宴会主题,体现宴会特色,如婚庆宴席就应摆"囍"字席、百鸟朝凤、蝴蝶戏花等台面,接待外宾就应摆设友谊席、和平席等。根据季节设计台面,如春桃、夏荷、秋菊、冬梅。

宴席的意境也是如此，婚宴是“动美”、寿宴是“静美”；“动美”需要醒目浓烈，“静美”需要清淡含蓄。根据宴会规格决定是否设计看台、花台等装饰物，决定餐桌间距、餐位大小、餐具种类与品牌、服务形式，如较高级的宴席除摆放筷子、汤勺、味碟和酒杯外，还需摆卫生盘和各种酒杯。

2. 实用原则

宴会台面物品是供宴会客人用餐时使用的，因此，实用性是宴会台面设计的首要原则。台面设计的实用性原则具体体现在以下三个方面：

(1) 宴会台面布置的餐、酒具必须满足顾客进餐的需要，因此设计时选用的餐、酒具质量、数量、摆放的位置等都必须以此为前提。

(2) 宴会台面布置所用的各种用餐器具应与宴会的用餐习惯相适应。如西餐宴会应摆放刀叉，而中餐则使用筷子等。

(3) 要方便客人用餐和服务人员的服务。如餐桌的大小应根据人数的多少决定，中餐的筷子一定放在右手边等。

3. 美观原则

美观性原则是指台面的设计要根据宴会举办的目的、客人的要求，结合传统文化，运用美学，把各种用餐器具有机地组合起来，使宴会台面具有艺术效果，营造出一种特殊的气氛，以此带给顾客美的享受。要实现宴会台面的美观性需要考虑餐具，酒具，各种布件的大小、质地、颜色和摆放的位置，以及菜单的设计、中心艺术品的设计等。

4. 寓意原则

好的台面不仅能满足与宴者进餐方便的需要和给人以美的享受，同时它还能反映一定的文化内涵，折射出主人的办宴宗旨和思想。因此，一个高明的宴会设计师要善于利用不同色彩，不同花卉，不同民族图案展现文化内涵，赋予台面一定的寓意，反映宴会主题，表达人们的思想情感。

5. 便捷原则

餐饮工作是一项十分辛苦的工作，举办大型宴会时，要做的事情很多。因此，宴会台面设计不可太烦琐、复杂。要在保证实用美观的前提下，尽量做到方便、快捷。要看到这点一方面需要不断提高服务员的服务水平，另一方面要努力改进和完善台面造型工艺，适应不同情况的需要。

6. 界域原则

宴会用餐与一般日常用餐不同，特别是大型宴会参加人数较多，因此台面设计与布置应充分考虑每位宾客、每个团体的实际需要，餐台上的物品应适当分隔，归属明确，即台面设计与布置必须遵循明确的界域性原则，如餐具按人配套且较为明显、不致使相邻顾客感到为难或混乱。

7. 礼仪原则

台面设计与布置要充分考虑到就餐者的声望、地位、举办宴会的目的、参加宴会的主客等各种情况，要能体现出宴会档次的礼仪规范。例如，插花、餐巾折花、台布的颜色是否符合客人的习俗，对于有民俗忌讳的客人，应尊重其习俗与习惯进行设计等。

8. 卫生安全原则

卫生安全原则是餐饮行业提供饮食服务的普遍原则，宴会台面设计必须对此予以重点考虑。宴会提供的食品和各种餐具的卫生状况会受到客人的特别关注，因此宴会餐桌上使用的各类餐具必须是清洁卫生的。餐巾的折叠应简单、清洁，防止污染；餐具应充分洗涤、消毒；台面要彻底清洁，要设置公用餐具等。

【知识链接】

表 3-4 中国宴会台面设计常见的吉祥物

吉祥物	寓意	举例
龙	龙为“四灵”之一，万灵之长，是中华民族的象征与最大的吉祥物，常与“凤”合用，誉为“龙凤呈祥”，寓意“神圣、至高无上”。	龙凤呈祥宴
凤凰	凤凰为“百鸟之王”，雄为凤、雌为凰，通称“凤凰”，被誉为“集人间真、善、美于一体的神鸟”，亦被喻为“稀世之才”。	百鸟朝凤宴
鸳鸯	吉祥水鸟，雌为鸳，雄为鸯，比喻夫妻百年好合，情深意长。	比翼双飞宴
仙鹤	仙鹤又称“一品鸟”，吉祥图案有“一品当朝”“仙人骑鹤”，为长寿的象征。	松鹤延年宴
孔雀	孔雀又称“文禽”，具“九德”，是美的化身、爱的象征、吉祥的预兆。	傣族孔雀宴
喜鹊	喜鹊古称“神女”“兆喜灵鸟”，象征喜事降临、幸福如意。	喜上眉梢宴
燕子	燕子古称“玄鸟”，吉祥之鸟，春天的象征。古人考中进士，皇帝赐宴，宴谐音燕，故用以祝颂进士及第、科举高中。燕喜双栖双飞，用“新婚燕尔”贺夫妻和谐美满。	莺歌燕舞宴
蝴蝶	蝴蝶两翼色彩斑斓，又称“彩蝶”。彩蝶纷飞是明媚春光的象征。民间因“梁山伯与祝英台”故事中化蝶的结局，喻以夫妇好和、情深意长。又因“蝶”与“耋”谐音，耋指年高寿长，故以蝴蝶为图案表祝寿。	蝶恋花宴
金鱼	金鱼有“富贵有余”“年年有余”的含义，因“金鱼”与“金玉”谐音，民间有吉祥图案“金玉满堂”。	金玉满堂宴
青松	青松为“百木之长”。宋王安石云：“松为百木之长，犹公也，故字从公。”“公”为五爵之首。“松”与“公”相联系，成为高官厚禄的象征。松树岁寒不凋，冬夏常青，又为坚贞不屈、高风亮节的象征。松为长寿之树，历来是长生不老、富贵延年的象征。	富贵延年宴
桃子	最著名的是蟠桃，为传说中的仙桃。民间视桃为祝寿纳福的吉祥物，多用于寿宴席。	寿比南山宴

（资料来源：方爱平. 宴会设计与管理[M]. 武汉：武汉大学出版社，1999.）

（三）中餐宴会摆台

本部分只标出中餐宴会摆台示意图，具体摆放程序及标准见附录部分各级各类技能大赛要求。

中餐宴会摆台

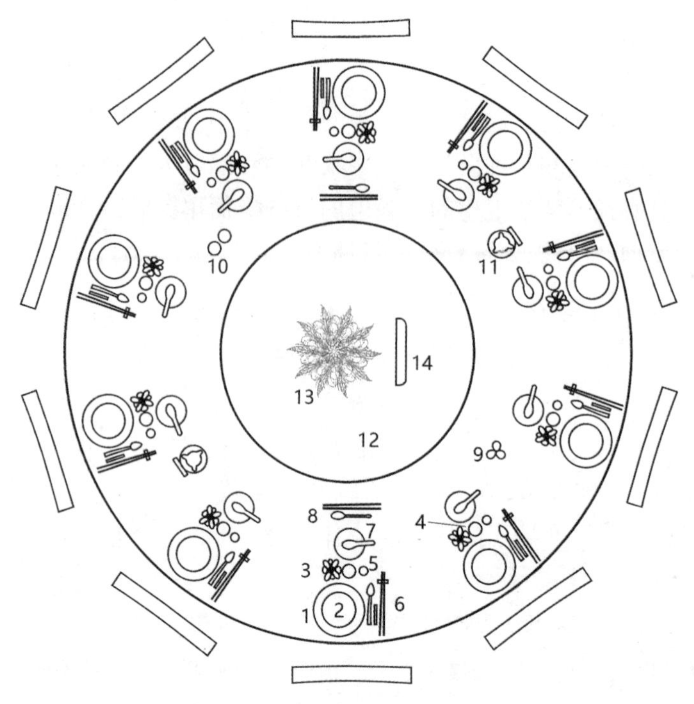

图 3－9　中餐宴会摆台示意图

1. 看盆　2. 骨盆　3. 水杯口布花　4. 红酒杯　5. 白酒杯　6. 筷子、筷架、银勺　7. 汤碗、汤勺　8. 公筷、公勺　9. 椒盐瓶、牙签盅　10. 酱醋壶　11. 烟灰缸　12. 转台　13. 鲜花摆设　14. 台号牌

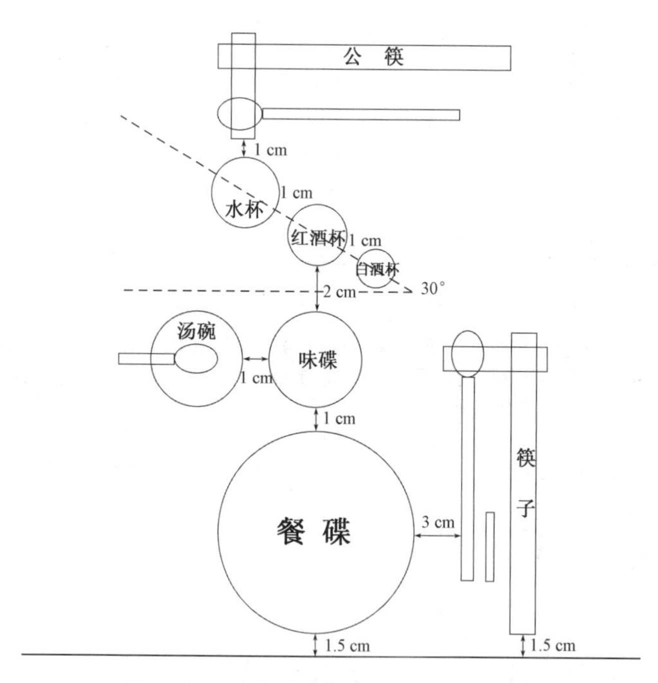

图 3－10　中餐宴会摆台个人餐位示意图

（四）宴会台面美化造型

宴会台面
美化造型图

宴会台面中心艺术品的造型不仅要突出宴会主题，也要体现宴会的规格。中心艺术品造型设计一般可采用以下方法：花卉造型、雕塑造型、饰品造型、餐品造型、其他造型。

表 3-5 宴会台面美化造型方法

造型方法	种类	布置方法	图示
花卉造型	盆花	盆花最常用，既美化环境、丰富餐台造型，又增加宴会和谐、美好的气氛，体现出宴会的隆重，重要设计者有较强的艺术审美能力。10 人桌的宴会台面可以采用花瓶、花篮、花束、花盆、插花、盆景等。	
	花坛	高档宴会为了烘托气氛，14 人以上的大圆桌可用花坛、雕刻坛等。布置方法有两种：一是先用草叶做一圆形的底衬，再把绿叶整齐地覆盖在上面，形成一个带有坡度的圆形绿色坐垫，然后再将不同鲜花穿插摆放，形成均匀美丽的花坛。二是在台面中心摆放一个插好鲜花的花盆或花杯，以其为中心摆放花草，用矮小的碎叶做垫底，再用较长的枝叶盖住花盆向外延伸，最后在花坛上面点缀鲜花。	
雕塑造型	果蔬雕	采用南瓜、萝卜、土豆、冬瓜、西瓜等材料雕刻成各种形状，周围再衬以花草或黄油雕、冰雕和干冰辅助装饰中心台面，必须注意雕塑造型应形象逼真、立意明确。根据宴会主题雕刻各种形状，如奥运主题的五环、和平主题的和平鸽和中秋主题的嫦娥奔月等。	
	面团塑	用面团塑造各种图物，或用蛋糕奶油塑造各式形状，或将冰雕作品搬上餐桌，用于主宾席台面或展台。	
饰品造型	镶图造型	用不同颜色的小朵鲜花、纸花、五彩纸屑或各种有色米豆，在餐桌上镶拼各种图案或字样，用以渲染宴席气氛。如接待外宾的宴会，摆出“友谊”“迎宾”等字样，以表示宾主之间的友好情谊。	

（续表）

造型方法	种类	布置方法	图示
	剪纸造型	用单色或彩色纸剪成有意义的图案装饰台面，既可增加宴席台面的美观，又可做菜盘垫底。如“喜气洋洋”台面，把传统的剪纸和拉花艺术引入台面造型，剪出20个大小不同的“囍”字摆在席桌边沿，中间采用绢花造型，花瓶底座围以彩纸拉花并配上餐巾折花，小件餐具配合喜庆主题进行适当造型。	
	国旗造型	当宾客是某国来宾时，桌上就摆放那个国家的国旗，显示友好和礼仪。国旗摆放的数量要根据餐桌长度来定，摆放一面国旗在餐桌中央为宜，如摆放两面国旗位置要间隔相等。台花的高度要略低于国旗。	
	摆件造型	中式宴会可以摆放具有中国民间传统工艺特色的泥人、青铜器、兵马俑、马踏飞燕、唐三彩、编钟、青瓷花瓶、陶瓷花瓶、景泰蓝花瓶、大型紫砂茶壶、根雕、红木雕、面塑、皮影、京剧脸谱、微型风筝、折扇等小摆件。	
餐品造型	台布造型	选用塑料、印花、刺绣等各种花式台布铺台，以特制的台面中心图案寓意（如金鱼戏莲、岁寒三友、松柏迎宾、春燕双飞）作为台面的主题，再辅以餐具造型，组成一个主题画面。	
	餐具造型	利用不同形状、不同色彩、不同质地的席面餐具、饮具，如各种杯、盘、碗、碟、匙等摆成互相连续的金鱼、春燕、菱花、蝴蝶、折扇、红梅等纹饰图案，环绕桌沿，形成具有一定主题意境的宴席席面。	
	菜点造型	将各式凉菜通过一定的刀工处理和拼摆，制成具有一定图案意义的造型方法。采用一主碟带若干围碟，主辅内容呼应，构成一幅秀色可餐的画面。放在宴席中央，供顾客鉴赏品用，既美化宴席台面，又有较高的食用价值。	
	果品造型	果品造型是将新鲜水果或装饰水果与其他装饰物组合摆成各种主题突出、富有意义的造型来装饰中心台面。果品造型既可装篮造型，也可切拼造型。	

（续表）

造型方法	种类	布置方法	图示
	餐巾造型	根据宴会主题选择餐巾颜色、风格、大小等将其折叠成符合主题需要的造型，起到突出主题、美化台面的作用。	
其他造型	金鱼造型	鱼缸造型即通过精致的鱼缸配以热带鱼或金鱼等来装饰中心台面，使宴会台面富有生机。	
	综合造型	综合运用多种台面美化造型方法汇集于一席，相互协调，美化台面，突出主题。	

餐台插花摆花艺术

餐巾造型——餐巾折花欣赏

【知识链接】

餐台插花摆花艺术

餐台插花造型设计是宴会台面中心艺术品设计的最常用、最重要的方法。宴会台面一般选用鲜花，可以烘托、美化台面，增进进餐气氛。餐台插花摆花艺术需注意以下几个方面：

1. 主题风格协调

选用的花卉要与宴会厅的场景风格、宴会主题、餐台布置风格相吻合，不能与宴会主题和宾客要求相冲突。插花风格有东方与西方之别、现代与传统之分，宜采用各种插花技术，花卉造型与周围环境相符。插花盛器的材质、造型、价值应与餐具协调，避免反差过大。如中餐台面采用瓷器餐具，花瓶或花插也宜采用同质瓷器，而不宜使用玻璃盛器。选用花的数量要适中，色彩搭配要合理，整个造型要有一定的艺术性。注意花色和种类的搭配，花形应饱满而多姿多彩，盆花底部用装饰布或花草等进行修饰，不能露出花盆。

2. 突出主桌台花

主桌台花要求雍容华贵、高雅亮丽，起到画龙点睛的装饰作用。主要饰物为鲜花与绿叶，也可点缀其他物品，如烛台、金鱼缸、工艺摆饰等。鲜花造型可以是西式圆球型、西式园林平铺型，要求四面对称。花类可选择单一品种，如玫瑰、康乃馨等花朵；颜色可单色，也可多色。绿叶对插花起着重要的辅助作用。

3. 不挡宾客视线

插花不宜过高、过大、过于浓密，应以低矮为主，不能阻挡客人的视线，以免影响宾客视线交流。

4. 不盖席面菜点

菜点是宴会中的核心产品，应处于中心地位。因此，插花不能过分渲染、喧宾夺主，影响并掩盖核心产品。插花颜色应与菜点有适当的反差，避免顺色；花材香味不宜过浓，以免干扰和破坏菜点香味。

5. 美观清洁卫生

插花通常采用鲜花，为固定鲜花并保持其鲜艳常采用花泥。餐台的菜点关系到进食者的健康，应慎重选择插花盛器、花泥，防止污染食品。

6. 尊重习惯风俗

尊重不同国家、不同民族的风俗习惯和喜忌心理，选用最合适、最能表达主人心愿的花卉，防止使用宾客忌讳的花材。例如，日本人通常不喜欢荷花，而荷花在中国则体现了“出淤泥而不染”的君子风范；宴请法国客人绝不能使用黄菊花等。

五、中餐宴会菜单设计

宴会菜单是为某种社交活动而设计的多人聚餐，具有一定的规格质量，由一整套菜品组成的菜单。因宴会的组织者目的多样、形式多样，所以餐饮服务人员要依据客人的需求安排合适的菜点。宴会作为重要的社交形式，分为多种类型，宴会菜单则要依据不同的宴会形式来确定。宴会对菜点的要求很高，要做到制作精细、外形美观，另外宴会菜单还要搭配合理、重点突出。

案例导入

表 3-6 某商务会谈宴会菜单

菜品类型	菜肴名称
冷菜	情同手足(乳猪鳝片) 琵琶琴瑟(琵琶雪蛤膏)

(续表)

菜品类型	菜肴名称
热菜	喜庆团圆(董园鲍翅) 万寿无疆(木瓜素菜)
汤	三元齐集(三色海鲜)
主食	兄弟之谊(荷叶稻香饭) 夜语华堂(官燕炖双皮奶) 龙族一脉(乳酪龙虾)
水果	前程似锦(水果拼盘)

[**案例思考**]

根据此菜单请回答下列问题:

1. 此菜单的排菜顺序是什么?这套菜品由哪些菜品种类组成?

2. 菜品的名称是否符合宴会主题?

[**案例评析**]

此商务会谈宴会菜单设有冷菜、热菜、汤、主食、水果,整套菜品设计品种齐全:冷菜两道,热菜两道,汤一道,主食三道,水果一道。色、香、味、形、养搭配合理。菜品用寓意法命名,象征双方友好合作、彼此情同手足、共同期待合作成功。

商务会谈宴会菜单的菜品应体现商务会谈的双方平等、互信、共赢的宴会气氛,在菜品设计上,数量不宜多,且质量要好,菜品原料多样,烹制方法各异,菜品品种齐全。此商务宴会整套菜品的价格比较高,体现了主办方的经济实力和诚意。在菜品的命名上则体现了双方情同兄弟、亲密合作、共同发展的美好愿景。

(一) 中餐宴会菜单设计原则

1. 客户导向原则

宴会菜单设计一定要了解主办单位或主人举办宴会的意图,掌握其喜好和特点,并尽可能了解参加宴会人员的身份、国籍、民族、宗教信仰、饮食喜好和禁忌,从而使菜单满足客人的爱好和需要。

2. 主题突出原则

宴会菜单的设计犹如绘画之构图,要分清主次轻重、突出主题,把观赏者吸引到某一点上,宴会菜单的设计必须注意层次、突出主菜,创造使人回味的亮点。任何艺术作品均需有自己的风格,宴会菜点的设计同样应显示各个地方、各个民族、各家酒店、各个厨师的风格,独树一帜,别具一格。突出宴会主题主要从两方面入手:单一食品原料的宴会和专题宴会。单一食品原料的宴会相对比较简单,如豆腐宴、饺子宴、全羊宴、百合宴、全鸭宴、全牛宴等。专题宴会种类相对比较多,有婚宴、送别宴等。

3. 合理搭配原则

宴会菜单如同一曲美妙的乐章,从序曲到尾声,应富有节奏和旋律。因此,在设计菜单时，应注意冷菜、热菜、点心、水果的合理搭配。造型别致、刀工精细的冷菜，能将与宴者吸引入席；丰富多彩、气势宏大的热菜，能引人入胜；小巧精致、淡雅自然的点心，就像乐章的“间奏”承上启下，相得益彰；色彩艳丽、造型奇妙、寓意深刻的水果拼盘，则像乐章的“尾声”可使人流连忘返。餐饮企业要注意菜点原料、调味、形态、质感和烹调方法的合理搭配，使之丰富多彩、千姿百态、口味各异、回味无穷。另外要注意营养成分的合理搭配，达到合理营养、平衡膳食。

4. 双数吉祥原则

中餐宴会菜品数目一定要为双数，一般为六、八、十、十二，“六”象征六六大顺，“八”象征发财如意，“十”寓意十全十美，“十二”代表着十二个月月月幸福。菜品分为凉菜、热菜、主食、甜点几大类，一般十人台设计菜品为八凉八热、两主食、两甜点为宜。菜品命名讲究吉祥如意，如早生贵子（莲子羹）、龙凤和鸣（卤味拼盘）、百年好合（西芹百合）、吉庆有余（松鼠鳜鱼）、山盟海誓（海鲜类）、鸳鸯戏水（两吃虾），用寓意美好的词语或诗句为每道婚宴菜品命名，有烘托气氛、祝福新人的效果。

【知识链接】

菜品与数字

1. “一品”形容名贵菜肴。如一品大排、一品豆腐、一品火锅。

2. 双喜临门（两只喜鹊的拼盘）。如双色虾球。

3. “三鲜”由鲜美的烹饪原料组合而成。如海三鲜、素三鲜、肉三鲜、三星拱照（明珠扒海参）、三聚会（炸制的三种海鲜）。

4. “四喜”是指由四种原料、四种颜色、四个数量组成的菜品。如四喜烧麦、四喜丸子、四喜虾饼。

5. “五福”出自《书经 · 洪范》，指寿、富、康、德、善，通常用于寿宴，如五富肉、五子拜寿。

6. “麒麟”是一种珍贵的动物，形状像鹿。吉祥象征，如麒麟鱼。

7. “八仙”，传说中的八仙为：汉钟离、张果老、韩湘子、铁拐李、吕洞宾、曹国舅、蓝采和、何仙姑。菜品中的“八仙”指由八种原料烹制的菜、羹或以八仙形象组成的一桌宴席，如八仙过海宴。

8. “八宝”是指用八种干果、蜜饯或时蔬、笋菌烹制的菜肴。如甜八宝、咸八宝、八宝粥、八宝鸭子、八宝素烩。

9. 九。如九色攒盒，是一种将底盘分成九格，并在每一格里盛装一种冷菜的菜品。

10. 什。如什锦拼盘、什锦水果盅。

11. 百。如百花甲鱼。

12. 千。如千层饼，形容饼的层次多，做工非常精细。

（二）中餐宴会菜单的菜品类型

中餐宴会菜单一般由冷菜、热菜、点心、主食、汤等类型的菜品组成。

1. 冷菜

冷菜通常造型美观、形态各异，作为“前奏曲”来吸引客人。在组配时，要求荤素兼备、质精味美、色泽美观、诱人食欲。冷菜道数一般以就餐人数而定，其荤素用料为 2∶1 或 1∶1，如盐水鸭、陈皮牛肉、酸辣白菜等。有时配上主盘，如湖式卤水拼、艺术冷盘等。

2. 热菜

热菜中，头菜烹饪原料以名贵山珍海味、家畜家禽为主，要求刀工细腻、色香味俱全，现烹现吃，烹制过程复杂。上菜时，质优者先上，质次者后上，突出名贵山珍海味，以显示宴会规格，如以木瓜燕窝、鲍汁扣鹅掌、鸡汁鱼翅等作为主菜。大菜由 2～4 道组成，在制作上讲究各类菜品在一起相互烘托。

3. 点心、主食

点心是菜单中的重要内容，在制作上要讲究造型，注重款式，制作精细，如素馅小包、富贵虾饺、香煎地瓜饼等。主食主要是米饭、馒头等，如扬州炒饭、奶油馒头等。

4. 汤菜

菜单中的汤菜种类繁多，制作时调配严格，应与整套菜品相搭配，如茯苓龟汤、枸杞炖草鸡等。

5. 水果

菜单中还要有时令果盘，一般命名为万紫千红、硕果累累、前程似锦、合家欢等。

宴席标准菜单格式见表。

表 3－7 宴席标准菜单格式

宴席名称	＊＊饭店 百年好合宴			
标准	折后 688 元标准（酒水除外）A 单			10 人用
	菜名	售价	菜名	售价
凉菜（占宴席 30%）	港味豉油鸡 风味牛蹄筋 清酒鹅肝 秘制香熏鱼		双色米皮 果味木瓜 生拌三叶香 荠菜木耳	
热菜（占宴席 50%）	金丝基围虾 清蒸草鱼 香芋扣牛腩 手抓肉		碧绿炒鲜鱿 红扒富贵鸡 香菇扒菜胆 百年又好和	
面点（占宴席 7%）	南瓜小油香		风味手撕饼	
主食（占宴席 5%）	扬州炒饭		回乡八宝饭	
汤羹（占宴席 3%）	西湖牛肉羹			
水果（占宴席 5%）	时令果盘			

【知识链接】

宴会菜名命名方法

表 3－8　写实性命名

命名方法	命名实例与特点
配料加主料	如龙井虾仁、腰果鸡丁、芦笋鱼片、松仁鳕鱼、西芹鱿鱼等，使客人知道菜肴主、辅料的构成与特点，能引起人们的食欲。
调料加主料	如黑椒牛排、茄汁虾仁、蚝油牛柳、豆瓣鲫鱼、韭黄鸡丝等，用特色调料制成菜肴，突出菜肴口味。
烹法加主料	如大烤明虾、清炒虾仁、红烧鲤鱼、黄焖仔鸡、拔丝山药、糟熘三鲜、氽奶汤鲫鱼等，突出菜肴的烹调方法及特点，知道菜肴用什么烹调方法和原料制成。
色泽加主料	如碧绿牛柳丁、虎皮蹄髈、芙蓉鱼片、白汁鱼丸、金银馒头等，突出菜肴艺术特征，给人美的享受。

表 3－9　寓意性命名

命名方法	命名实例与特点
模拟实物外形	强调造型艺术，形象法，如金鱼闹莲、孔雀迎宾等。
采用珍宝名称	渲染菜品色泽，如珍珠白玉汤、银包金等。
镶嵌吉祥数字	表示美好祝愿，如三龙戏珠、八仙聚会、万寿无疆等。
借用修辞手法	讲究寓意双关，谐音法，如早生贵子、霸王别姬等。
敷演典故传说	巧妙进行比衬，拟古法，如汉宫藏娇、舌战群儒等。
寄托深情厚谊	表达美好情感，如全家福、母子会等。
赋予诗情画意	强调菜肴艺术，文学法，如百鸟归巢、一行白鹭上青天等。

（资料来源：贺习耀. 宴席设计理论与实务[M]. 北京：旅游教育出版社，2010.）

拓展阅读

表 3－10　华中地区某婚庆宴席菜单

分类	菜品
一彩碟	拼比翼双飞
六围碟	拌芝麻芹菜　冻蜜汁湘莲　卤夫妻肺片　熏瓦块龙鱼　炸核桃酥饼　炝如意肚丝
四热炒	炒松仁玉米　爆芙蓉鸡丁　熘金菇兰片　煎番茄虾饼
七大菜	扒四喜海参　烩玻璃鱿鱼　蒸珍珠双圆　烤八珍酥鸡　酿敦煌蟹斗　烧鸳鸯鳜鱼　炖龙凤瓜盅
二饭点	烫牛肉豆皮　汁桂林马蹄
二水果	切月湖红菱
一茶食	泡君山银针

表 3－11　某酒店婚宴菜单

菜单 Menu	
精美江南八小碟(满堂喜庆) Selection of appetizers “Jiangnan” style	浓汤火腿娃娃菜(花开富贵) Braised baby cabbage，“Jinhua” ham
瓜茸蟹肉海鲜羹(鸾凤和鸣) Braised crab meat soup，assorted seafood，winter melon	酸甜松子桂花鱼(万紫千红) Crispy mandarin fish pine nuts，sweet sour sauce
蜜豆百合炒虾球(龙凤吉祥) Wok-fried prawn，honey bean，lily bulb	有机田园三宝蔬(幸福美满) Stir-fried yam，black fungus，asparagus
烧汁菌皇滑牛柳(心心相映) Sauteed beef fillet，mushroom，Teriyaki sauce	汽锅仔鸡虫草花(比翼双飞) Steamed-boiler spring chicken，dried cordyceps flower
苏式秘制酱圆蹄(满掌元宝) Braised pork knuckle，soy sauce	瑶柱海鲜炒丝苗(情意绵绵) Fried，dry scallop，seafood，egg
蒜茸粉丝蒸扇贝(携手共创) Steamed scallop，glass noodles，minced garlic	烤树莓芝士蛋糕(永结同心) Baked cheese cake，raspberry
碧绿蟹粉焖蹄筋(天赐良缘) Stewed pork tendon，crab roe，vegetable	桂花红糖香芋艿(甜甜蜜蜜) Braised taro，brown sugar，osmanthus
陈年花雕蒸膏蟹(阖家欢颜) Steamed green crab，Chinese yellow wine	莲子百合红豆沙(百年好合) Sweetened red bean soup，lotus seed，lily bulb
农家熏笋炒腊肉(牡丹绿叶) Stir-fried smoked bamboo shoot，air-dried meat	时令鲜果盘(锦上添花) Seasonal fresh fruit platter

(三) 中餐宴会菜单设计与制作

1. 材料纸张

在宴会菜单的设计过程中，材料纸张选择是重要环节。封面材料应尽量选用质地优良、高克数的厚实纸张，同时还需考虑纸张的防污、去渍、防折和耐磨等性能。封面的图案和设计风格要体现宴会主题，要求美观、新奇，具有吸引力和体现信息性原则。常用的菜单用纸有：胶版纸、铜版纸、哑粉纸、特种纸。可以采用平放式、竖放式或卷筒式。

2. 规格版式

规格版式是指菜单的形状、大小及结构。菜单的版式、大小没有统一的规定，什么尺寸合适，主要从经营需要和方便顾客两个方面考虑。一般单页式菜单 30 cm * 40 cm 为宜；对折式双页菜单合上时以 25 cm * 35 cm 为最佳；三折式菜单合上时，尺寸为 20 cm * 35 cm。一般餐厅菜单大小尺寸的 28 cm * 38 cm。

3. 字体字号

要设计一份有吸引力的菜单，正确使用字体是很重要的。对于国宴等正式宴会应使用庄重的字体，针对儿童的菜单则应选择活泼的字体，对于突出传统文化的餐厅，则应选择隶书等有一定历史表现力的字体。一般中文选用宋体、仿宋体、黑体或隶书等字体，以阿拉伯数字排列、编号和标明价格。编排时也应当注意字符和字符间隔，力求美观。

菜单的标题一般用大写字号，说明用小写字号。标题和说明一般用两种不同的字体或用同一种字体但不同字号。菜单上的字号不宜太小，要使客人能在餐厅的光线下阅读清楚为准。一般分类标题的字号要大于菜点名称。据调查，最易于就餐者阅读的字号是二号字和三号字，其中以三号字最理想，一般不要小于四号字。

4. 颜色式样

最易快速阅读的色彩搭配是白底黑字、浅黄色上的黑字、浅粉色上的黑字。如果菜单只使用两色，最好是将类别标题，如蔬菜、肉类、海鲜类等字印成彩色，具体菜肴名称用黑色印刷。原则上只能让少量文字印成彩色。

传统餐厅一般用深色，如黑色、深棕色、暗红，也有些餐厅用金色或银色镶边，最简单的方法就是用有色底纸，加印彩色文字。

5. 其他要求

菜单文字所占篇幅一般不超过50%。

【知识链接】

中国居民平衡膳食宝塔

中国著名医学专家洪昭光认为：人要健康长寿必须“合理膳食，适量运动，戒烟限酒，心理平衡”。合理膳食要“什么都吃，适可而止，七八分饱，百岁不老”。平衡膳食的第一原则就是食物多样化，谷类、薯类、蔬果类、肉蛋类、奶豆类和油盐五大类食物合理搭配。中国居民平衡膳食宝塔是根据《中国居民膳食指南》，结合中国居民的膳食结构特点设计的。分五层，利用各层位置和面积的不同，反映各类食物在每日膳食中的地位和应占的比重。如下图所示。

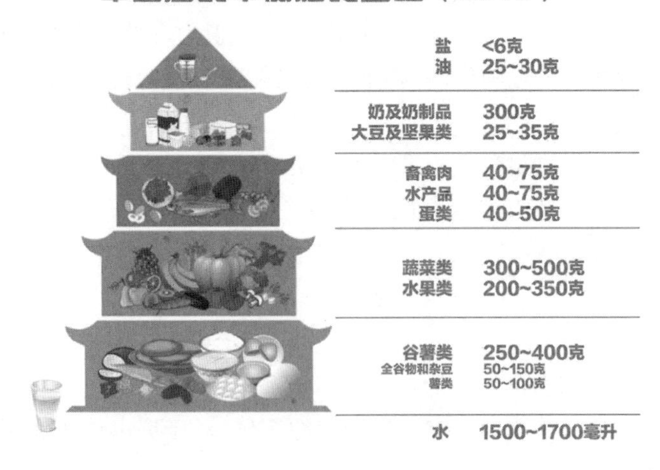

图3-11　中国居民平衡膳食宝塔

表 3-12 中餐宴会常用酒水

餐时	类型	内容
餐前	茶水	绿茶、普洱茶、花茶、铁观音茶和香片茶等。
	软饮料	碳酸饮料、果汁、牛奶、矿泉水等。
餐中	啤酒	种类繁多,营养丰富;酒精度 2.5°～7.5°;最佳饮用温度 8 ℃～10 ℃。
	中国白酒	品牌众多,香型种类多;酒精度 38°～60°,北方喜用白酒。
	黄酒	酒精度一般为 15°左右;品牌众多,南方喜黄酒。
	葡萄酒	品种繁多,中外葡萄酒均使用。
	软饮料	碳酸饮料、果汁、牛奶、矿泉水等。
餐后	茶水	绿茶、普洱茶、花茶、铁观音茶和香片茶等。

任务总结

1. 中餐宴会主题来源与类型:地域民族特色类、历史材料类、人文休闲意境类、食品原料类、养生保健类、节庆及祝愿类、休闲娱乐类、公务商务类。

2. 中餐宴会台型设计原则是"突出主桌,合理布局";设计关键是台型要美观、主桌要突出、餐桌要选准、服务要讲究。

3. 中餐宴会席次设计原则是前上后下、右高左低、主宾居右、中间为尊、面门为上、观景为佳、临墙为好、好事成双、各桌同向。

4. 中餐宴会台面类型按用途分餐台(素台、食台、正摆台)、花台(艺术餐台)、看台(观赏台面、展台);按餐饮风格分中餐宴会台面、西餐宴会台面、中西合璧宴会台面;按照就餐方式分聚餐式台面、分餐式台面、自助餐台面。

5. 中餐宴会台面设计原则:特色原则、实用原则、美观原则、寓意原则、便捷原则、界域原则、礼仪原则。

6. 中餐宴会台面造型方法:花卉造型、雕塑造型、饰品造型、餐品造型、其他造型。

7. 中餐宴会菜单设计原则:客户导向原则、主题突出原则、合理搭配原则、双数吉祥原则。

8. 中餐宴会菜单一般由冷菜、热菜、点心、主食、汤等类型的菜品组成。

9. 中餐宴会菜单设计与制作注意纸张、尺寸规格、式样、文字、字体等的选择。

任务考核

1. 以小组为单位，设计一套彰显地域非物质文化特色的中餐主题宴会菜单，并提供不少于500字的主题设计说明。

2. 根据你所学的宴会菜单设计的原则和要求的有关知识，试设计一份宴会菜单，具体要求如下：

（1）参加宴会对象：四川省某行业专家代表团；

（2）参加宴会人数：20人；

（3）举办宴会的地点：你所在的城市；

（4）宴会的时间：秋季；

（5）宴会的价格标准：每人100元人民币（酒水除外），销售毛利率50%，调料成本占宴会总成本的8%；

（6）菜肴规格要求：

冷菜：1个主盘，8个围碟

热菜：6菜一汤（含甜菜一道）

点心：2道

水果：一盘

（7）菜单要求写明每个菜肴的菜名烹调方法、主配料的数量、口味色彩、成本价（原料成本按当地市场价计算）。

表3-13 中餐宴会菜单设计评价标准

考核项目	考核标准	应得分	实得分
菜单吸引力	能让顾客发生兴趣且具有诱惑性。	5	
菜肴艺术名	菜肴艺术名应符合宴会主题，且与菜肴实名相匹配。	10	
菜肴品种数量	菜肴品种多样，原料搭配平衡，烹调方法平衡，数量适中。	30	
菜品顺序	菜品顺序符合中餐上菜习惯。	15	
价格	菜单定价合理，既让消费者满意又保证餐厅利润。	10	
整体设计	整体设计美观，体现餐厅特色，字体、颜色、行间编排合理且醒目。	20	
菜单制作	材质选择合理，制作精美。	10	
合计		100	

拓展阅读

"世博第一宴"的海派风情

作为上海世博会的序曲，4 月 30 日晚间为各国贵宾准备的"世博第一宴"让许多人眼前一亮。

一、四热菜一冷菜一点心，绿色环保

"世博第一宴"的菜单昨天也揭开了神秘的面纱：一个冷盘，四道热菜——荠菜塘鲤鱼、黑鱼籽龙虾、一品雪花牛、春笋炒豆苗，一道点心——上海馄饨，外加一份水果。市民纷纷感到惊讶，因为这份菜单简单朴素，并且透露着春末夏初时上海家常菜的味道，这与人们的想像大不相同。其实国宴并不是大家想像中那样由大量珍贵食材堆砌而成，我们的菜单中就没有鱼翅、燕窝这些奢华的高蛋白食材，而是以简朴、健康的食材为主，特别突出绿色与环保的概念。我们选择的是豆苗、荠菜、马兰头这样的时令蔬菜，而不是反季节蔬菜，保证食材的绿色。通过屠杀野生动物的方式得到的食材，比如鱼翅等坚决不用，以此表示环保和国际化的理念，达到既挖掘中国千年饮食文化和江南特色又兼顾各国来宾的众多口味。上海国际会议中心行政总厨苏德兴说："时令食材，让国宴飘出了平常百姓家餐桌上的味道，比如塘鲤鱼，这是春末夏初百姓餐盘里的常客，加上新鲜的荠菜，本身就是人们在这个季节喜爱的时令菜肴。荠菜塘鲤鱼这道菜让大家都体会到国宴也是朴素而亲民的，但是家常菜要上国宴关键在于厨师的手艺。"

二、本地食材尽显海派特色

"世博第一宴"的菜肴从出身到组合都印着上海标记，让当天的晚宴飘出了浓浓的海派特色：塘鲤鱼、荠菜、豆苗、小塘菜和上海馄饨里的马兰头，黑鱼籽龙虾里的南瓜均采自上海本地，迎宾冷盘里的毛豆烤麸、椒盐蚕豆都是市民家中餐盘里的家常小菜，黑鱼籽龙虾里的麻油馓子和作为点心的上海馄饨都是地道的上海传统小吃。

中国大厨制作的法式小面包搭配上海馄饨，还有外国嘉宾最喜欢的牛排搭配上海小塘菜，晚宴的菜色当然不忘中西合璧，但食材却保证了绝对的中国制造。赶来助战的北京昆仑饭店总厨师长、国家高级技师赵仁良说："让外国贵宾称赞的牛肉原产自大连，百分之百的国货。一位用餐的贵宾评价晚宴的中国牛肉完全可以出口到其他国家，这足以让每个中国人感到自豪。"

三、"世博第一宴"菜单

晚宴的菜单由开胃冷盆、四道热菜加一份点心和一份水果组成。食材多取自上海本地出产的时令蔬菜，具有浓郁的海派特色。

迎宾冷盆——由鲍鱼仔、烧鹅、紫菜蛋卷、虾肉、甜豆、西红柿等常见原料制作，配以四味小菜：白灼马蹄、毛豆烤麸、椒盐蚕豆板、虫草花，是一道餐前的开胃小菜，用料大部分采自上海本地。

荠菜塘鲤鱼——以塘鲤鱼片、荠菜茸(汤)为原料，采用春末夏初上海特有的野生塘鲤鱼与地方野菜做成，厨师们将鱼去骨去皮，烹制成野生的荠菜塘鲤鱼片，让民间的时令原料通过烹饪技艺，让世博嘉宾共享，称得上是上海一绝。

黑鱼籽龙虾——以南瓜茸、龙虾球、黑鱼籽、麻油馓子为原料，原料均产自国内。黑鱼籽采自乌苏里江，南瓜采自上海本地，龙虾采自海南，麻油馓子是上海的传统小吃，多种原料经烹调融合为一体，彰显清淡、环保、绿色。

一品雪花牛——以大连雪花牛、菜胆、茨菰、手指萝卜为原料。大连的雪花谷牛，入口鲜嫩多汁，口感丰富、鲜香交汇，回味无穷，低脂、无油腻之感，与进口牛排相比毫不逊色。同时配上扬州的茨菰、上海的小塘菜，经合理搭配，形成一道中国式的牛排大菜。

春笋炒豆苗——以节瓜做盛器，笋尖、豆苗为主要原料。笋尖和豆苗是上海春末夏初的时令蔬菜，精选的豆苗只取其顶部的嫩叶，入口鲜嫩清香。

上海馄饨——一道传统的上海民间小吃，以天然野菜马兰头、自制的香干、千岛湖的河虾仁及开洋为原料制作而成，具有浓郁的地方风味。

慕斯鲜生果——以椰奶绿茶慕司加柚子、梨、芒果、草莓、杨桃 5 种低糖水果组成，形成一道餐后水果与甜品为一体的组合果盘。

任务二 西餐宴会设计

任务目标

知识目标：熟悉西餐宴会主题来源与类型，掌握西餐宴会台型设计、席次设计、台面设计和菜单设计的基本知识和方法。

能力目标：根据宴会基础知识和宴会设计知识，掌握宴会设计的主要内容，能运用已经掌握的餐饮专业知识，设计西餐宴会。

素质目标：注重培养学生的设计、创造能力，服务意识、精细意识、敬业精神与团队协作精神。

思政融合点：政治认同（贯彻新发展理念）；职业精神（培育职业道德、劳动精神、工匠精神、劳模精神等）；健全人格（强化团队意识、互助协作）；思维方式（跨文化比较，培育战略思维、创新思维、系统思维）。

案例导入

某酒店迎来了一批日本友好访问团的客人，为了表示欢迎，中方特意安排了欢迎晚宴，计划选用淮扬菜系中的乾隆宴，主宾一共 10 人。宴会部主管将台面摆设的任务交给了服务员小李，事后客人非常满意。为什么会有这样的效果呢？原来，小李在铺设餐巾之前，就对日本人的习俗做了一番了解。日本人不喜欢紫色，认为紫色是悲伤的颜色，最忌讳绿色，认为绿色是不祥之色。他们对白色感情较深，视其为纯洁的色彩。还钟爱黄色，认为黄色是阳光的颜色，给人以喜悦和安全感。小李根据乾隆宴辉煌华丽的场景特点，觉得选用金黄或红色的餐巾布最为妥当。对于花型的选择，小李了解到，日本人喜欢松、竹、乌龟、鹤、龙、凤等，认为这些动植物具有吉祥和长寿的寓意。另外，樱花是日本的国花，日本人喜爱樱花纯洁、清雅的风姿，视樱花为日本民族的骄傲。小李经过深思熟虑后，将桌面的餐巾花做了如右摆放，如图3－12所示。

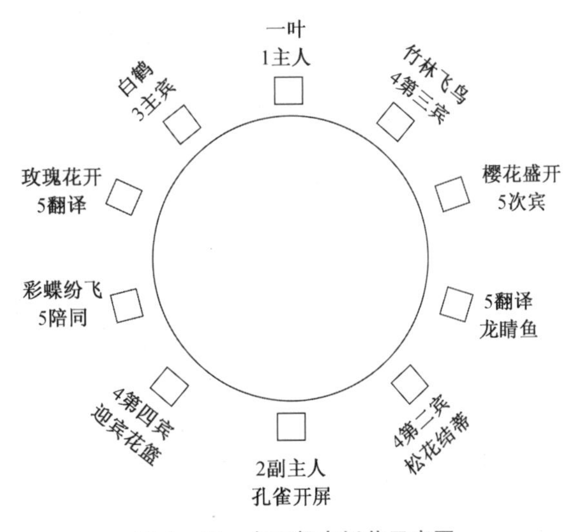

图 3－12 桌面餐巾折花示意图

[案例思考]

根据此案例请回答下列问题：

1. 在设计宴会台面的餐巾花时应考虑哪些因素？

2. 从此案例中你得到哪些启示？

[案例评析]

在设计宴会台面餐巾花时，应考虑客人的民族习俗、风土人情、爱好，还要考虑突出主人位等因素。在本案例中，在餐巾花的花型选择上，应选择日本客人喜欢的花卉，同时还应紧扣宴会的主题。此宴会主题是欢迎日本客人，副主人位选择孔雀开屏，日本宾客座位除了选择他们喜欢的白鹤、竹林、松花外，还选择了迎宾花篮等以表示主人的热情。从此案例中可以看出，台面餐巾花设计的花形、台布颜色会直接影响整个宴会的环境气氛，宴会服务员必须具备一定的餐饮文化礼仪方面的知识。

任务实施

一、西餐宴会主题来源与类型

西餐宴会主题来源一般可以划分为四大类，具体设计特点见下表：

表 3-14　西餐宴会主题来源与类型

主题来源	设计特点	适用宴会
节庆祝愿习俗类	此类主题来源广泛，特点鲜明，其选取点可以是中西节庆活动，也可以是某种大型的庆典活动以及对生活的美好祝愿等。	情人节宴、母亲节宴、圣诞节宴、婚宴等。
时事商务活动类	此类台面主题鲜明、政治性强、目的明确、场面气氛庄重高雅，接待礼仪严格。	奥运宴、答谢宴、迎宾宴等。
人文休闲意境类	此类主题是借助餐饮的形式来表达人的情感意志，它关注的是人与人之间的情感表达和人的审美情趣，寓情于景，既给人视觉上美的享受，又能引起观者的情感共鸣。主题设计的选取点有某种审美意象所寄托的事物、人的审美情趣、特殊的人际关系等。	茶宴、流金岁月怀旧宴、梦幻丛林宴等。
地方特色文化类	此类主题来源包括独特地域的风土人情、民俗、地区事物及民族风情等。	威尼斯风情宴、地中海宴、维也纳宴等。

案例导入

西餐主题宴会设计作品赏析

大赛案例一:Calypso情动地中海

[**主题创意说明**]

"我有点金,有点银,有几条海船在海里,有一个漂亮的老婆,我还能再要什么呢?"这是一首西班牙民歌,在西方人的观念里,幸福来自大海。

本作品的创意灵感来源于海洋,具有浪漫主义气质的地中海文明一直是很多人心中的向往……对于久居都市,习惯了喧嚣的现代都市人而言,地中海主题的设计给人们以返璞归真的感受,同时体现了对于更高生活品质的追求。

[**设计元素解析**]

该宴会以黄色和蓝色为主色调,明亮的黄色象征着沙滩,以清新的蓝色作为衬托,营造出地中海淳朴浪漫、纯美自然的意境,给人以宁静致远、悠闲自然的精神享受。这样的设计清新中不失大气,可以从色彩上给宾客欢快的第一印象。餐盘、骨碟、黄油碟均选用了奶白的骨瓷,简单大方的特点顺应了当今俭朴的餐饮之风。蓝色的桌旗象征醉蓝的海岸,体现了高雅的用餐氛围。黄色的椅套点缀一抹蓝色,也从细节上贴合了地中海风格的创意理念。餐巾折花的设计紧扣地中海主题,选用了淡淡的蓝色,略高的折花造型突显了正副主人位。宾客的位置采用帆船造型,仿若一个个漂浮在碧波上的浪漫的梦,协调美观,突出了宴会的主题。

主题造景巧妙运用独具气质的威尼斯魅影。威尼斯的风情总离不开"水",丰富的水下景观,蜿蜒的水巷,流动的清波,静谧的小桥,还有那一个个摇曳在碧波上的纯手工制作的贡多拉游船,诗情画意久久挥之不去。该主景设计将每个元素完美融合,构建出别样的梦幻水城。

诗人拜伦曾经说过:"忘不了威尼斯曾有的风采:欢愉最盛的乐土,意大利至尊的化装舞会。"菜单以象征海洋的淡蓝为底色,背面"calypso"logo也与主题呼应。两份菜单均系意大利至尊化妆舞会的面具,简单的设计中饱含意大利文化风情。

我们的菜品主打地中海风情,五道菜肴均为意大利、西班牙最具特色的美味菜肴,新鲜健康,合理搭配,既体现了营养价值,又合理地控制了成本。设计者还为每道菜肴精心搭配了极具代表性的葡萄酒,让宾客体验完美的味蕾享受。乐观正直而又充满热情的意大利人,将乐观包容的生活态度注入到了美食的制作当中,也是我们的宴会创意追求。

醉蓝的海岸,白色的沙滩,温情的水城,悠扬的船曲,摇曳的贡多拉……在这个清凉的初夏,让我们一起情动地中海。

[**台面设计点评**]

该西餐宴会设计以西方浪漫主义气质的地中海文明为落脚点,创意新颖。从台面色彩来看,整张台面以黄色为主色调,蓝色点缀其中,餐具采用传统白色瓷盘,在黄色台布的映衬下稍显逊色,中心装饰物采用了威尼斯的贡多拉游船,制作精美,突出了主题,如若能够将玻璃托盘这个载体进行改良或者能够和台面柔和过渡，相信展现出的效果则会更加完美。最后，主题创意说明书制作过于简单，除了文字没有更多与主题相匹配的元素，若能添加图文进行美化，定能增色不少。

[作者]无锡职业技术学院郑晓春(选手)，陈颖、叶业(指导教师)

大赛案例二：致匠心

[主题创意说明]

“匠心”指的是人们追求精雕细琢、完美的精神理念。瑞士表匠凝神专一，对每一个零件、每一道工序、每一块手表的精心打磨和雕琢，成就了瑞士手表的经典，是“工匠精神”的最好诠释。本设计运用了大量瑞士手表工艺为代表的工匠元素，意在向“精益求精、追求卓越”的传统工匠精神致敬。

[台面设计点评]

该主题灵感源于现实社会产品质量问题及国家对工匠精神的大力推崇，旨在向现代浮躁社会的人们宣扬“精益求精”的工匠精神，属于励志类主题。宴会命名识别性高；台面各元素均能凸显主题；深褐色的桌布代表了传统工匠厚重的木质工作台；口布和桌旗展示了瑞士手表复杂精致的制作工艺；中心装饰物精致的钟表是工匠精神的体现；欧式烛台烛光象征着工匠精神薪火相传。

从主题内涵来看，该主题寄托着希望工匠精神复兴的理想，也希望宾客在品味美食的过程中感受工匠精神。从市场角度来看，主题宴会设计针对的目标市场是企业家群体，希望企业家们能够坚守一份工匠精神。

[作者]金华职业技术学院周晓增(选手)，卢进(指导教师)

大赛案例三：印象莫奈

[主题创意说明]

克劳德·莫奈是法国画家，被誉为“印象派领导者”，是印象派代表人物和创始人之一。本次设计就是要通过作品再现来表达我们对莫奈的喜爱之情。

[台面设计点评]

该主题以莫奈睡莲画作为背景，表达了对画家莫奈的崇敬与喜爱之情，属于艺术类主题。宴会命名鲜明，能让顾客轻松识别。主题造景主要表现莫奈印象派风格画作睡莲，蓝绿色台布仿佛夏天里的一片宁静的湖面，台面桌旗上的睡莲画作色彩丰富、莲花绽放，远远望去就像盛夏开满莲花的、波光粼粼的深蓝湖面；台面中心形状各异、大小不一的睡莲花苞增强台面立体感。浅紫色餐巾与蓝色台面相得益彰，睡莲画作餐巾凸显主人尊贵地位。但主题说明并未表明针对的顾客群体，评析者认为以此种艺术作品为主题的宴会主要适用于艺术家群体、艺术爱好者或艺术相关机构。

[作者]浙江商业职业技术学院黄雯雯(选手)，徐胜男(指导教师)

二、西餐宴会台型设计

（一）设计原则

西餐宴会台型设计原则需要突出主桌，整齐美观，左右对称，出入方便。具体包括以下五点：第一，突出主桌。第二，以右为尊，右高左低。按国际惯例，主人右边客人的地位高于主人的左席。第三，近高远低。依被邀请客人的身份而言，身份高的离主桌近，身份低的离主桌远。第四，面门为上。面对大门、观景、背靠主体（主席台）墙面的座位为上等座。第五，其他桌的排列应整齐美观。

（二）设计要求

一般情况下，1～2 人适宜选用正方形餐台，3～8 人适宜选用长方形餐台，9～10 人适宜选用“一”字形餐台，10 人以上根据客人的就餐规格、形式、要求及具体人数，选择适宜的、不同形式的餐台。换言之，西餐宴会台型应根据宴会规模、宴会厅形状及宴会主办者的要求灵活设计。

表 3－15　不同规模宴会台型设计要求

规模	台型	设计要求
小型宴会	“一”字形	圆弧形和长方形“一”字形。圆弧形主要是主桌使用或供与宴人数少的豪华宴会包厢使用，正副主人坐在两头，主要客人坐在两边；长方形“一”字形主要是宴会主桌使用或人数少的宴会包厢使用，主人与主要客人坐在长桌的中间。
	“U”字形	分为圆弧形“U”字形和方形“U”字形，适用于主客的身份要高于或相同于主人的宴会，体现主人对主客的尊重，一般要求横向长度比竖向长度短一些。
	“T”字形	设在宴会厅中央，与厅房两侧的距离大致相等。
中型宴会 大型宴会	“E”字形	三翼长度应相等，竖向长度应比横向长度长。
	“M”字形/梳子形	适用于人数比较多的餐桌，主人坐在竖着的中间，客人坐在主人的两边和横着的位置。
	“回”字形	主要根据宴会厅的形状与宴会来宾的人数多少选定，主人坐在中间位置，客人从主人位置的两边依次往下排列就坐。
	星形	星形台中间放圆桌，外侧放长方形餐桌，如光芒外射的星星；教室形台，主宾席用“一”字形长台，一般来宾席则用长方形餐桌或圆形餐桌；鱼骨形台，两侧餐桌对称排列。星形台、鱼骨形台的长方形餐桌皆可加长，教室形台纵横皆可加排长方形餐桌。人数较多的西餐宴会才有此类台型。
	教室形	
	鱼骨形	

（三）标出台号

画出西餐宴会台型平面图。西餐宴会台号的标注与中餐宴会相似，主桌标出“1 号”，以主位面朝全场的方向为基准，按“右高左低，近高远低”的原则确定其他桌的台号。

（四）设计关键

1. 要与餐厅的装饰风格相适应

西餐宴会台型种类较多，不同风格的西餐厅餐台布置不尽相同，必须进行精心设计。

2. 设计布置要体现档次的差别

利用台布颜色和餐具质地、插花等桌面装饰物来区分主桌和非主桌、一般西式宴会和高档西式宴会。

3. 台型设计与服务方式相适应

利用不同的西餐服务方式，台型设计有较大差异，如法式西餐要求餐厅灯光可以调节、服务通道要通畅、台型设计要宽敞些。

三、西餐宴会席次设计

（一）设计原则

西餐宴会席位安排大致与中餐相似，但还应遵守以下五条原则：

（1）以女主人为主，女主人坐在面对门的主位，男主人坐在背对门的位置，与女主人对坐。

（2）一般主人席位安排在席位上方和正中的位置，主宾席位安排在主人席位的右边，副主宾席位安排在主人席位的左边。

（3）女士优先，以右为尊。男女主人同桌时，女主人坐于右侧。

（4）男女客人需安排交叉座位，熟人与生人也应当交叉排列，夫妻分坐。

（5）西式大型宴会每桌都要有主人作陪，每桌的主人（第一主人）位置要与主桌的主人位置方向相同。

（二）席次设计

西餐宴会的席次一般根据宾客地位安排，女主宾依据丈夫地位而定。也可以按照男女分坐、夫妇分坐、中外分坐等。在我国用西餐宴请客人，通常采用按职务高低和男女分坐的方式。

（1）方桌席次安排如图 3－13、3－14 所示。

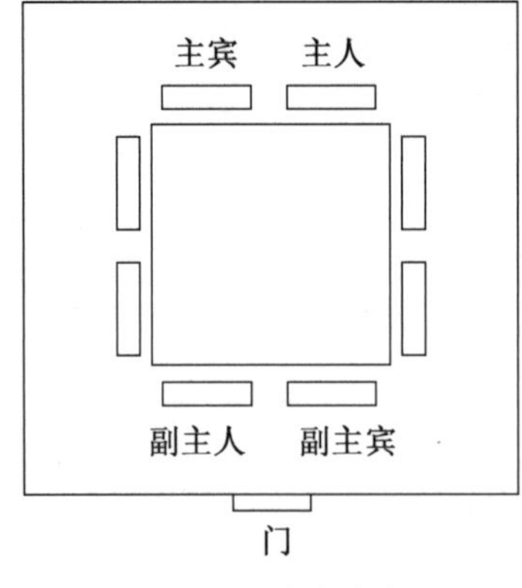

图 3－13　方桌席次 1

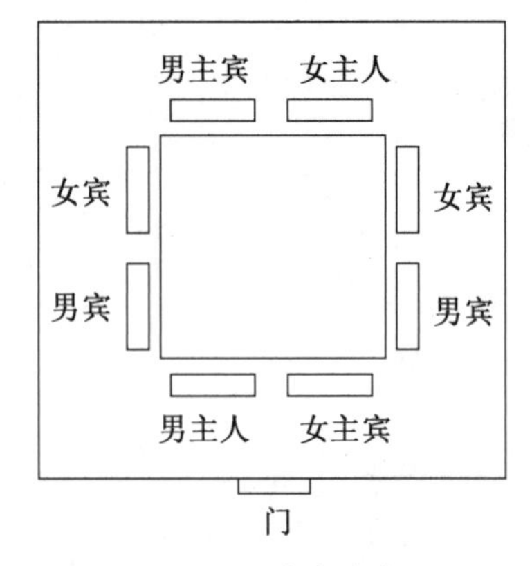

图 3－14　方桌席次 2

(2) 长桌席次安排如图 3－15、3－16 所示。

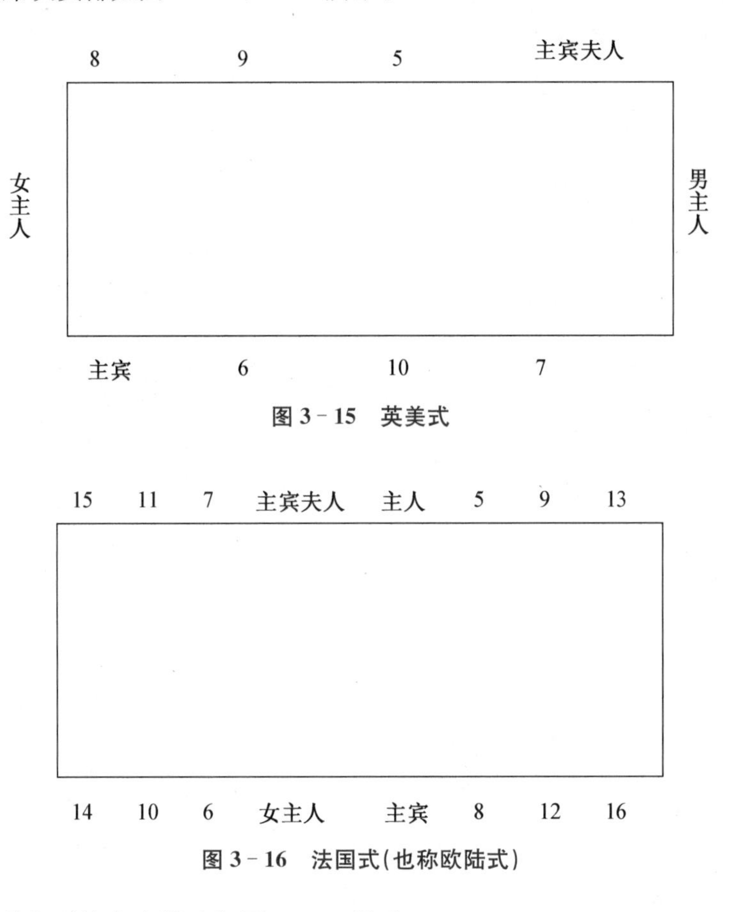

图 3－15　英美式

图 3－16　法国式(也称欧陆式)

(3) "T"形台型的席次排法如图 3－17 所示。

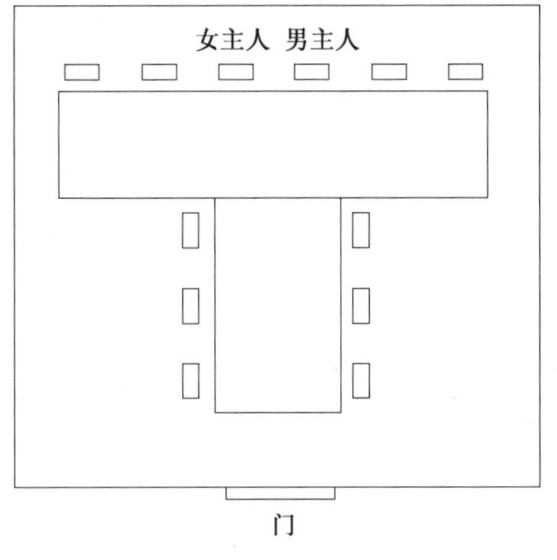

图 3－17　"T"形台型席次

(4)“N”形台型的席次排法如图 3－18 所示。

(5)“M”形台型的席次排法如图 3－19 所示。

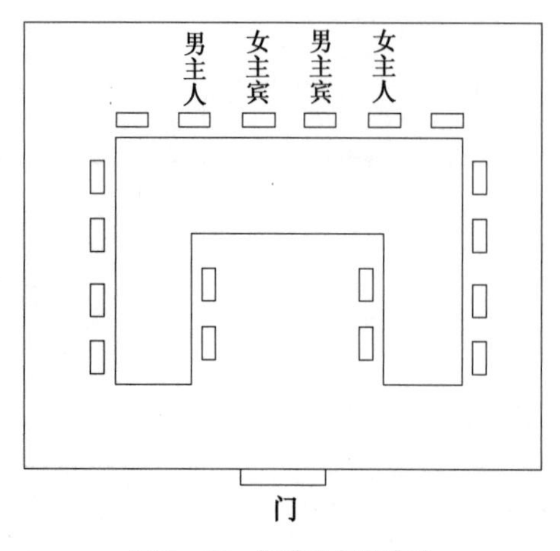

图 3－18　“N”形台型席次

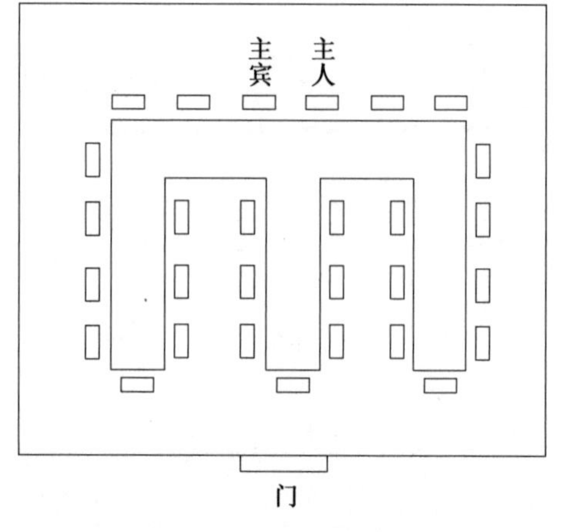

图 3－19　“M”形台型席次

(6)圆桌席次安排如图 3－20 所示。

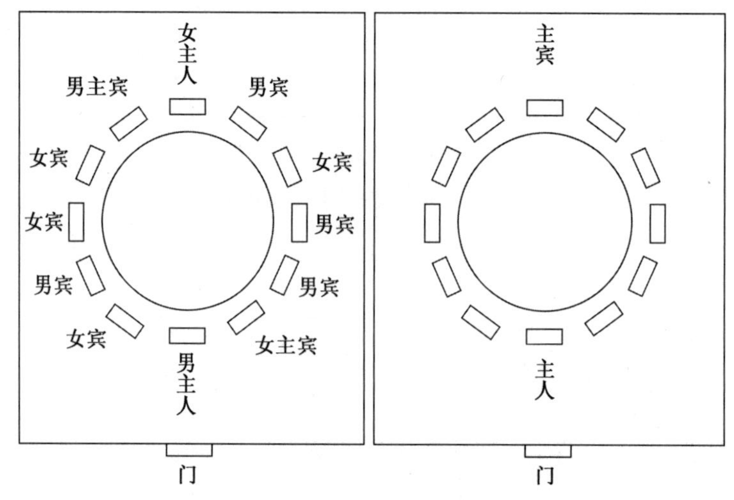

图 3－20　两种圆桌席次

四、西餐宴会台面设计

案例导入

低调中的奢华

某咖啡集团 X 总裁将于三日后在某酒店西餐厅邀请朋友一起用餐，该酒店管理层高度重视，并特意安排酒店相关人员对餐台进行了设计。

本次接待所设计的西餐台面强调简约与优雅，突出“低调中的奢华”，符合各位贵宾良好的文化背景与审美水准。整个台面借助餐具、台布与主题装饰物的完美搭配和色彩组合，用低调而和谐的方式诠释奢华，以理性而睿智的态度演绎客人讲究的品质和追求典雅舒适的生活态度。精心挑选的质地优良的台布，彰显出高雅的商务格调；与台布相同颜色、质地的口布，让整个用餐环境温馨、惬意，使客人可以在轻松愉悦的氛围中把酒畅谈。

同时，此次餐台设计选取世界顶级品牌的金属餐具，色泽明快，与台布交相辉映，高贵典雅，体现出此次宴请的规格和品质。装饰盘、面包盘、黄油碟等瓷制品也独具特色，全部由景德镇知名窑炉定制，品质上乘，充分体现出西餐宴会应有的优雅格调。

桌面正中为独具匠心的创意插花，淡绿色的康乃馨紧紧地簇拥在一起，寓意着对生活的热情与生命的活力。晶莹的花瓶中堆满可爱的咖啡豆，不时散发出淡淡的咖啡香，浓情之意，尽于此处展现。宴请结束后，X总裁对酒店此次用心设计的台面与接待服务十分满意，特意给酒店留下了感谢信。

［**案例思考**］

你认为该酒店西餐厅的餐台设计有何独特之处？

西餐宴会摆台

（一）西餐宴会摆台

本部分只标出西餐宴会摆台示意图及公共物品摆放图，具体摆放程序及标准见附录部分各级各类技能大赛要求。

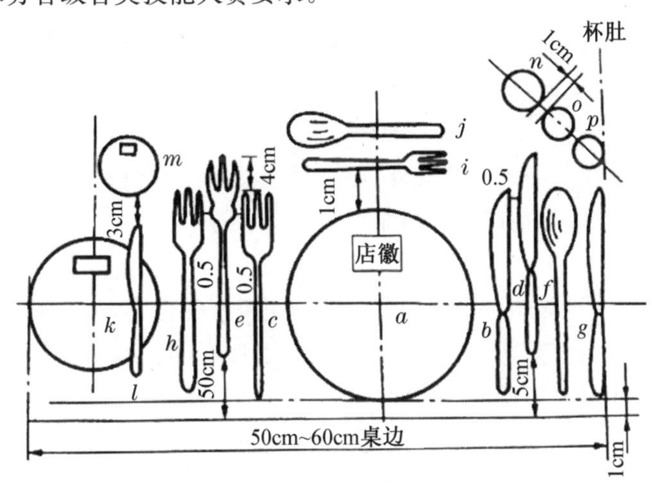

图 3-21　西餐宴会摆台示意图

a. 装饰盘　b. 主菜刀　c. 主菜叉　d. 鱼刀　e. 鱼叉　f. 汤匙　g. 开胃品餐刀　h. 开胃品叉　i. 水果叉　j. 点心勺　k. 面包盘　l. 黄油刀　m. 黄油碟　n. 冰水杯　o. 红酒杯　p. 白酒杯

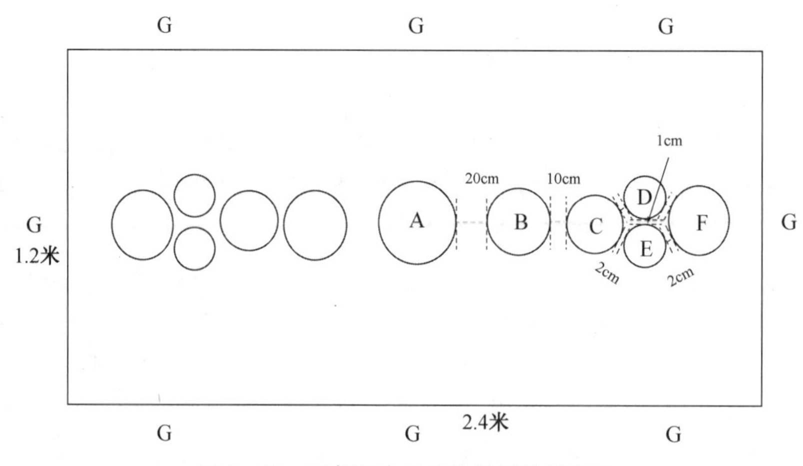

图 3－22　西餐宴会公共物品摆放示意图

A. 花瓶或花座　B. 烛台　C. 牙签　D. 盐罐　E. 胡椒罐　F. 烟灰缸　G. 座位

（二）宴会台面美化造型

1. 花坛

西式宴会“一”字形台面装饰常用花坛，用绿叶在长台的中间摆一长龙，在距离餐台两端大约 40 厘米处分开，各向长台的两角延伸 15 厘米；然后在绿叶上摆插一些鲜花或花瓣，但要注意鲜花的品种与色彩的搭配。

2. 花坛花环混合式

在餐台中间先摆好一个花坛，两边再以花环相连，如果餐台较长，则除了在中间设一花坛外，还可在两侧对称摆放两个小花坛。

3. 花簇

除了在台面中间摆放花坛和装饰外，可在每位宾客的餐位左侧摆放一个小花簇。宾客入座后，可将花别在左胸前或插在西服小袋中。

4. 摆件造型

西式宴会，可以西洋雕塑和原始部落崇拜的图腾等为蓝本，如古希腊米隆的“掷铁饼者”像、古罗马的“奥古斯都”像、文艺复兴时期意大利米开朗基罗的“大卫”、近代法国罗丹的“思想者”等。美国宴会多摆放星条旗、老鹰、自由女神模型或西部牛仔草帽。法国宴会多摆放蓝、白、红三色旗和埃菲尔铁塔模型。荷兰宴会，在精雕细刻的船形木鞋内，放着数枝黄色的郁金香，小风车在餐桌吱吱地旋转着。

5. 主题装饰

高档西餐宴会为了烘托气氛，在花草装饰的基础上，可以进行主题装饰。如根据节日装饰餐台：2 月 14 日情人节的玫瑰花、巧克力和贺卡；复活节的彩蛋、小鸡、小兔子和鲜花等；5 月和 6 月的母亲节和父亲节的贺卡、鲜花和小礼物；10 月 31 日万圣节的千奇百怪的面具和南瓜掏空后的“杰克”灯及各种糖果等；11 月第四个星期四的感恩节的玉米、南瓜和水果等；12 月 24 日圣诞夜和圣诞节的各种圣诞饰品。

注意：长桌（包括长方形、椭圆形）插花，花长宽必须小于桌面的1/3，且不影响用餐。台形较长时，常常需要摆放2～3盆，如果摆放1盆，摆放需有主有次；双数布置，大小要一致。西餐宴会色彩以清淡、素雅为好，色彩多采用浅橙、粉、洋红、白、紫、绿。

案例分析

台面装饰花的风波

一天，沈阳某五星级酒店接到了一个大型商务宴会的订单。据了解，参加这场宴会的宾客主要是各国驻华商务人士，宴会由国内某知名公司主办。这场宴会规格很高，主办方非常重视，他们特别强调宴会厅应精心布置，要烘托出宴会的气氛。酒店管理者精心制订了一套方案，并于宴会当天早早地布置好了宴会厅。当主办方宣布宴会开始后，客商们被请到了宴会大厅。只见宴会大厅灯火辉煌，充满了浓浓的欢迎气氛。每一张宴会桌上都摆放着一盆大绣球似的菊花插花，远远望去，黄澄澄的，甚是可爱。客人们按指定座位一一入座，就在这时，领位员发现，贵宾区的几张桌子前仍有数名客人站着。她走上前去询问缘由，通过翻译得知，那些客人都是法国人，而法国人认为黄菊花不吉利，不肯入座。随后，酒店的总经理向客人道歉，并马上安排服务员将黄色的菊花换成红色的玫瑰，法国客人这才愉快地入座。

［**案例思考**］

1. 法国人不喜欢黄菊花，除玫瑰外，他们还喜欢什么花？
2. 法国人在饮食方面还有什么禁忌？

【知识链接】

色彩喜忌习俗

人们对色彩的喜好受年龄、性别、民族、生活习惯、经济地位、职业、个性、情绪、爱好等因素的制约。各国、各民族的人们具有不同的色彩喜忌心理。白色，日本、欧美人认为是纯洁、阳光、坦率、美好的象征；中国人、欧洲人认为是悲哀、丧礼的象征。红色，泰国人认为是幸福、好运、富裕、欢乐的象征；欧美人认为是庄严、热烈、兴奋、革命的象征。黄色，欧美、亚洲人认为是崇高、尊贵、辉煌、爱情、期待的象征。蓝色，中国人认为是不朽、宁静、纯洁的象征；欧美人认为是信仰、生命力、文明的象征。

五、西餐宴会菜单设计

西餐宴会菜单除了要遵循中餐宴会菜单设计原则之外，因中西文化差异，还有自己鲜明的特点。

（一）西餐宴会菜单设计的特点

1. 形式多样，各有特色

西式宴会在形式上有多种，如正式宴会、鸡尾酒会、冷餐酒会、自助餐会等，其规格要求及特色各不一样，正式宴会菜肴道数不多，上菜时都是各客，规格比较高雅；鸡尾酒会以饮料为主，以菜为辅；冷餐酒会以冷菜为主，热菜为辅，菜品丰富多样，取食自由；自助餐会讲究装饰，显得富丽堂皇，五彩缤纷，客人可自由选择喜爱的菜肴。

2. 饮食方法不同，上菜程序不一

各种西式宴会，由于形式的不同，装盘的要求及出菜的程序有很大差别，如正式宴会，每一道菜以参加宴会的人数计算，各人一盘，要求每一道菜所装盛的菜肴内容一样，式样一样，吃完一道菜，再上一道菜，必须坐着饮食，根据宾客的身份高低，坐在哪一个座位上都有讲究，不可随便坐。而鸡尾酒会、冷餐酒会、自助餐会所有的菜品及酒水可先展示在餐厅内，宾客可根据自己的饮食喜好，自由取食。这些宴会一般不设座位，宾客不分身份高低，一概站着饮食，比较平等自由，便于相互交流。

3. 注重菜品装饰，讲究营养卫生

西式宴会无论是正式宴会还是鸡尾酒会、冷餐酒会等，都很重视菜品、展台的点缀及装饰，如正餐宴会每一个菜品均由几种原料组成，讲究色彩、注重点缀，鸡尾酒会及自助餐会十分注重展台的装饰，喜欢用冰雕、黄油雕及食品雕刻来烘托宴会气氛，在菜品结构上也注重荤素结合，主食与西点结合，饮料与水果结合，讲究营养的配合。

在饮食卫生上，注重餐具的消毒与保温，正式宴会实行分食制，鸡尾酒会、冷餐酒会等每一菜品均有公叉、公勺，可自取菜品，比较卫生。特别提示：各种形式的西式宴会，菜品少用或不用动物性的内脏及肥膘。另外所有菜品最好去骨，便于客人食用。

案例分析

表 3－16　西式正餐宴会菜单

中文菜名	英文菜名
苏格兰烟熏大马哈鱼	Thinly Sliced Scottish Smoked Salmon with Traditional Accompaniments
原味鸽汤	Essence of Pigeon and Poached Quail Egg
柠汁蒸明虾	Steamed Tiger Prawn in Lime-butter Sauce

(续表)

中文菜名	英文菜名
美国菲利牛排酥盒	U. S. Beef Tenderloin—Baked in Flaky Puff Pastry with Mushroom and Goose Liver Stuffing Madeira Wine Sauce, Berry Potatoes, Vegetable Garnish from the Morning Market
巧克力蛋糕	Gateau Opera—a Rich Chocolate Layer Cake on an Apricot Coulis
咖啡或茶	Coffee or Tea
小甜点	Desserts

[**案例思考**]

西式正式宴会由哪些菜品组成?

[**案例评析**]

西餐正式宴会的菜点包括头盘、汤、副菜、主菜、配菜、甜品、饮料等内容。菜品食材有鱼、飞禽、肉、明虾、牛排、奶油蛋糕、水果等。

(二) 西餐宴会菜单菜品类型

西餐正式宴会的菜点包括头盘、汤、副菜、主菜、配菜、甜品、饮料等内容。不同的国家和民族由于生活习惯不同,菜品有所区别,一般情况下,传统的西餐正式宴会要由下列六道菜肴组成,其菜品排序既复杂又非常讲究。

1. 头盆

头盆又称头盘、前菜、开胃菜,是宴会中的第一道菜肴。其特点是色泽鲜艳、口味清新、装盘美观、数量不多,具有开胃、刺激食欲的作用,通常多用新鲜的鱼类、肉类、海鲜、鹅肝酱、蔬菜、水果等原料加工成熟制品拼摆而成,如鱼子酱、生蚝、蜗牛、三明治、法国肝酱、烟熏三文鱼、各式肉冻、肉片、海鲜等,一般以冷菜为主,也有的地方头盆流行热菜,此外还有海鲜、肉类、新鲜的水产配以美味的汁及一些酸菜沙拉等。开胃菜一般风味独特,有些咸味或酸味,菜肴量较少,清爽开胃。

2. 汤

与中餐极大不同的是,西餐的第二道菜就是汤。西餐中的汤有清汤与浓汤、荤汤与素汤、热汤与冷汤之分。品种有牛尾清汤、各式奶油汤、海鲜汤、美式蛤蜊汤、意式蔬菜汤、俄式罗宋汤、法式焗葱头汤等,其制作十分讲究,要求原汁原味。汤一般要求既能开胃,又能增进食欲。如果是一般宴会选用汤,就不再有头盆,两个菜只选其一。

3. 副菜

鱼类菜肴一般作为西餐的第三道菜,也称为副菜。品种包括各种水产类菜肴与蛋类、面包类、酥盒菜肴。因为鱼类等菜肴的肉质鲜嫩,比较容易消化,所以放在肉类菜肴的前面,叫法上也和肉类菜肴主菜有区别。吃鱼类菜肴时西餐讲究使用专用的调味汁,品种有鞑靼汁、荷兰汁、酒店汁、白奶油汁、大主教汁、美国汁和水手鱼汁等。

4. 主菜

肉、禽类菜肴是西餐的第四道菜,也称为主菜。肉类菜肴的原料取自牛、羊、猪等各个部位的肉,其中最有代表性的是牛肉或牛排。牛排按其部位又可分为沙朗牛排(也称西冷牛排)、菲利牛排、"T"骨牛排、薄牛排等。其烹调方法常用烤、煎、铁板等。肉类菜肴配用的调味汁主要有西班牙汁、浓烧汁、蘑菇汁等。

禽类菜肴的原料取自鸡、鸭、鹅,通常将兔肉和鹿肉等野味也归入禽类菜肴,禽类菜肴品种最多的是鸡,有山鸡、火鸡、竹鸡等,可煮、可炸、可烤、可焖,主要的调味汁有咖喱汁、奶油汁、黑椒汁、蘑菇汁、红酒汁等。

5. 甜点

甜点是主菜后食用的。从真正意义上讲,它包括所有主菜后的食物,如蛋糕、布丁、煎饼、冰激凌、奶酪、水果等。

6. 饮品

西餐宴会的最后一道是饮料,咖啡或茶,以帮助消化。咖啡一般要加糖和淡奶油。茶一般要加香桃片和糖。

正式的全套餐点没有必要全部都点,点太多却吃不完反而失礼。前菜、主菜(鱼或肉择其一)加甜点是最恰当的组合。点菜并不是由前菜开始点,而是先选一样最想吃的主菜,再配上适合主菜的汤。

一般正式西餐宴会冷菜占宴会菜品总成本的20%,汤和热菜占65%,其他菜品占15%。

【知识链接】

表3-17 西式宴会常用酒水

餐时	类型	内容	举例
餐前酒(开胃酒)	味美思	以白葡萄酒为基酒配以苦艾草和其他25~45种草药,再加入少量的蒸馏酒配制而成;酒精度17°~20°,纯饮或加冰。	意大利以甜型为主,如仙山露、马天尼、干露;法国以干型为主,如香百利、杜法尔、诺瓦丽·普拉等。
	比特酒	多种草药、植物根茎经葡萄酒或食用酒精浸制,酒精度为16°~40°。	意大利的金巴利、西娜尔,法国的杜本那等。
	茴香酒	用蒸馏酒与茴香油配置而成,口味香浓刺激,含糖量较高,酒精度约为25°。	法国的潘诺、里卡尔、皮尔,意大利的安尼索内等。
佐餐酒	白葡萄酒	种类繁多,酒精度8°~16°,糖分1.5%以下。	霞多丽、雷司令、白苏维翁、白比诺、灰皮诺等。
	红葡萄酒	品牌众多,酒精度一般在10°~30°。	品丽珠、梅鹿辄、赤霞珠等。

（续表）

餐时	类型	内容	举例
	普通汽酒及香槟酒	法国香槟地区最为出名，酒精度约为11°。	法国香槟、德国塞克特、意大利Asti等。
	外国白酒	以谷物为原料的蒸馏酒。	白兰地、威士忌、金酒、特基拉、朗姆酒、伏特加等。
	甜食酒	通常以葡萄酒作为酒基，加入食用酒精或白兰地以增加酒精含量，故又称为强化葡萄酒，口味较甜。	波特酒、雪利酒、马德拉酒等。
餐后饮品	咖啡、茶水、威士忌、白兰地、鸡尾酒	各国饮用习惯不同种类不同，主要是帮助消化，宜采用较小型号的酒杯盛放酒液，酒液温度一般与室内常温一致。	人头马、意大利的加里安诺、波特酒、马德拉酒、威士忌、药草酒、鸡尾酒等。

表3－18　西式宴会常用混合调制酒与饮料

种类	内容	举例
高杯混合饮料类	与碳酸饮料、烈酒和果汁饮料混合。	金汤力、龙舌兰日出、血腥玛丽、盐狗、哥连士、新加坡司令、菲士、库勒等。
马天尼、曼哈顿鸡尾酒	传统鸡尾酒，服务时应用凉鸡尾酒杯，搅拌时不能使酒变浑，应在冰块融化前，尽快使酒变冷。	马天尼用金酒，曼哈顿可以用其他酒，如爱尔兰威士忌、朗姆酒等。
层色酒	在直升小酒杯中调出不同层色的饮料，使其形成色彩各异的带状层，悦目美观，增加气氛。	调酒没有固定配方，可以选用任何利口甜酒。
酸甜饮料	酸或酸甜味的鸡尾酒被更多人们接受，多用手摇法混合，是餐前的开胃佳品。	红粉佳人、玛格丽特、达其利、吉姆莱特、白兰地亚历山大等。

（三）西餐宴会菜单设计与制作

婚宴菜单案例展示

1. 材料纸张

在宴会菜单的设计过程中，封面材料和纸张选择是重要环节。选择纸张时应考虑菜单使用的期限，菜单是准备长期使用还是短时间使用，可使用透明或半透明等特殊纸张，以便增强菜单的表现效果。封面材料应尽量选用质地优良、高克数的厚实纸张，同时还需考虑纸张的防污、去渍、防折和耐磨等性能。

2. 规格版式

版式是指菜单的形状、大小及结构。菜单的版式、大小没有统一的规定，主要从经营需要和方便顾客两个方面考虑。一般单页式菜单 30 cm＊40 cm 为宜；对折式双页菜单合上时以 25 cm * 35 cm 为最佳；三折式菜单合上时，尺寸为 20 cm * 35 cm。美国餐厅协会对顾客的调查表明，菜单最理想的尺寸为 23 cm * 30 cm，这样的尺寸顾客拿起来舒服。当然，菜单大小的最终选择应与餐厅规格和菜品特色等相协调。

3. 字体字号

西餐菜单的标题和说明一般用两种不同的字体或用同一种字体但不同字号。菜单的标题一般用大写，说明用小写。西餐常用的字体为罗马体、现代体和手写体。

注意菜单上的字号不宜太小，要使客人能在餐厅的光线下阅读清楚为准。一般分类标题的字号要大于菜点名称。英文一般采用 10～12 号字。法国餐厅和意大利餐厅的菜单，还应当有法文和意大利文以突出菜肴的真实性，并方便客人点菜。当然，文字种类最好不要超过 3 种。使用英文时要根据标准词典的拼写方法，统一规范，符合文法，防止差错。

4. 颜色式样

传统餐厅一般用深色，如黑色、深棕色、暗红，也有些餐厅用金色或银色镶边；西式餐厅封面一般用淡而明亮的颜色，设计风格比较轻快，如鲜红色或黄棕色等。最简单的方法就是用有色底纸加印彩色文字。

5. 其他要求

菜单文字所占篇幅一般不超过 50%。

[**注意事项**] 菜单设计、制作与使用中常见的问题

(1) 制作材料选择不当，整体设计与餐厅风格或菜品格格不入，如使用文件夹、讲义夹或影集，而不是专门设计制作的菜单。

(2) 菜单尺寸太小、装帧过于简陋。

(3) 字号太小，字体单调。

(4) 随意涂改菜单，如涂改菜单价格，不仅使菜单显得不雅，还给人一种随意更改价格的感觉。

(5) 缺少描述性说明。

(6) 单上有名，厨中无菜。列入菜单的菜品，厨房必须保证供应。

(7) 不应该的省略或遗漏，如菜单上的地址、电话、价格等告知性信息。

(8) 出现错别字，如基围虾(鸡尾虾)、带子(呆子)等。

【知识链接】

西餐菜肴与酒水的爱慕关系

西餐菜肴与酒水的爱慕关系

在西方，餐酒搭配有着悠久的历史，在正式的西餐宴会里，每道菜要配不同的酒，它是餐饮礼仪的一部分，不仅是技术也是一门艺术。我们餐饮从业人员也应掌握西餐菜肴与酒水的搭配技巧，向宾客推销恰当的酒水，

使之与宾客所点菜肴相得益彰。

在西餐中，与菜肴搭配的酒水主要是指葡萄酒，一般红肉配红酒，白肉配白酒。但是，传统的按色配餐规律，毕竟还是比较宽泛，下面将介绍几种较为流行的餐酒搭配原则。

第一个就是风味相近原则，这样将会使它们产生和谐之美。一般建议当地菜肴搭配当地酒水。关于风味相近原则，我们建议酸配酸，甜配甜。

第二个就是风味互补原则，这样就会将餐酒需要凸显的风味展现得更加淋漓尽致。

1. 咸＋酸。咸和酸搭配能让葡萄酒尝起来“更柔和”。

2. 咸＋甜。在餐酒搭配中，使用咸味菜肴搭配甜味酒，能带来主观的愉悦感。比如说，被称为液体黄金的法国苏玳甜白葡萄酒，常被用来搭配鹅肝酱、蓝纹奶酪等。

3. 辣＋甜。一般而言，辛辣的菜肴比较难与葡萄酒搭配。最好选择一款口感爽脆、酒精度较低，且经过冰镇的甜型白葡萄酒。它可以帮助减轻食物中浓重的香料味，降低辣味。

第三个是匹配度相当原则，主要有浓配浓，淡配淡；奢华的菜肴与奢华的酒水搭配，低调的菜肴与低调的酒水搭配。

餐酒搭配最终应达到两个境界。一是平衡和谐。风味相近和匹配度相当都是希望餐酒搭配能做到平衡和谐的完美境界。二是适当凸显。风味互补，更多的是想凸显彼此的特点，但是互补搭配技巧用多了，很快就会出现味觉疲劳。

我们就用以上所学的知识，来给正式西餐宴会进行餐酒搭配吧！总而言之，餐酒搭配是一门需要实践的艺术，但是可不要贪杯哦！我们要做到：非成勿饮、驾车勿饮、理智饮酒。

任务总结

1. 西餐宴会主题来源与类型：节庆祝愿习俗类、时事商务活动类、人文休闲意境类、地方特色文化类。

2. 西餐宴会台型五项设计原则和设计要求。

3. 中餐宴会席次设计原则是前上后下、右高左低，主宾居右、中间为尊、面门为上、观景为佳、临墙为好、好事成双、各桌同向。

4. 西餐宴会台面美化造型：花坛、花坛花环混合式、花簇、摆件造型。

5. 西餐宴会菜单设计的特点：形式多样，各有特色；饮食方法不同，上菜程序不一；注重菜品装饰，讲究营养卫生。

6. 西餐宴会菜单菜品类型：头盆、汤、副菜、主菜、甜点、饮品。

7. 西餐宴会菜单设计与制作注意材料纸张、规格版式、字体字号、颜色式样等的选择。

任务考核

1. 运用跨文化知识,设计一台中西合璧宴会,并提供不少于500字的主题设计说明。

2. 西餐宴会菜单设计大赛

随着时代的进步和发展,西餐进餐方式也在发生变化。现代西餐宴会用餐内容在传统宴会基础上已经大大简化,用餐菜肴的道数也略有减少。常见的菜肴包括:

(1) 开胃菜;(2) 汤;(3) 副盘(沙拉或鱼类菜肴);(4) 主菜;(5) 甜品;(6) 咖啡或茶。

根据西餐宴会服务赛项中菜单设计部分的竞赛内容,参照上述6项内容开列菜单,选择菜肴内容。

表3-19 西餐宴会菜单设计评价标准

考核项目	考核标准	应得分	实得分
菜单吸引力	能让顾客发生兴趣且具有诱惑性。	5	
菜肴艺术名	菜肴艺术名应符合宴会主题,且与菜肴实名相匹配。	10	
菜肴品种数量	菜肴品种多样,原料搭配、烹调方法平衡,数量适中。	30	
菜品顺序	菜品顺序符合西餐上菜习惯。	15	
价格	菜单定价合理,既让消费者满意又保证餐厅利润。	10	
整体设计	整体设计美观,体现餐厅特色,字体、颜色、行间编排合理而醒目。	20	
菜单制作	材质选择合理,制作精美。	10	
合计		100	

拓展阅读

西餐宴会主题创意说明

1. 主题名称

用非常简洁,能够充分表达主题创意的词汇或短语作为主题的名称。主题名称要求一目了然,能准确表达清楚整个主题的含义,如“一千零一夜”“太阳系”等。

2. 主题创意灵感来源

任何一个宴会台面主题设计都会有一个出处,也就是我们说的创作灵感的源泉。例如:宴会主题“Memory”,创意源自连续公演时间最久的音乐剧《猫》中最著名的音乐“Memory”;“圣诞欢乐颂”源自西方著名的传统节日圣诞节等。

3. 主题创意表现

西餐宴会台面中心装饰物的设计。主题台面介绍必须将中心装饰物的设计思路,以及表达主题的内容和方式做具体说明。例如,一款“流金岁月”的主题台面对中心装饰物的设计介绍为:“台面中心装饰物意境醇厚,将岁月中浸透的情谊,穿越时光的流沙,带回宾客脑海,一一浮现。那浓烈芳香的玫瑰和带有异域气息的红酒,芬芳和色泽均化入款款深情,期待着那些有同样情怀的朋友共赴盛宴,共同追忆那峥嵘岁月里曾经激扬的年华。”

4. 台面各元素与主题的呼应

西餐宴会主题设计介绍中各台面元素如何围绕主题进行设计,是台面设计创意的重要内容。一个主题创意说明,仅仅靠中心装饰物,很难表现清楚,需要诸如展示盘、餐具、口布、椅套等其他因素的配合,各种元素共同组成一个完整的、主体清晰的台面。例如,主题为“太阳系”的台面在各元素与主题呼应关系上是这样描述的:“深黑的桌布象征深邃神秘的宇宙,星光闪耀的桌旗被浪漫的烛光点亮,那是璀璨的银河。两颗水晶是银河中最闪亮的星星。餐桌中心火红的花团,象征着太阳。地球以及人类肉眼可见的太阳系金、木、水、火、土五大行星是今天餐盘上的图案,它们围绕着太阳公转,并自转。主人位的白色柱状餐巾,像极了一束阳光照耀地球。其余飞船形状的餐巾,则象征人类运用现代科技正在慢慢地揭开宇宙神秘的面纱。”

项目综合考核

1. 考核内容

借鉴世界技能大赛餐厅服务项目竞赛标准,参照国内部分省技能大赛餐厅服务项目、教育部组织的全国职业院校技能大赛(餐厅服务)项目、全国旅游院校技能(饭店服务)大赛等相关赛项参赛标准,分小组模拟中、西餐宴会摆台及设计项目。

2. 考核方式

本次考核以小组为单位,组成团队,每队选择 2 名选手,其中 1 位选手完成中餐主题宴会设计分项内容;另 1 位选手完成西餐主题宴会设计分项内容。要求主题突出、台面美观,具有较强的视觉冲击力和艺术感染力。

3. 评价方法

本项目考核采用综合评价方法,具体评价分值及标准如下:

中餐主题宴会设计成绩=小组自评成绩(30%)+小组互评成绩(30%)+教师评价(40%)

西餐主题宴会设计成绩=小组自评成绩(30%)+小组互评成绩(30%)+教师评价(40%)

小组成绩=中餐主题宴会设计成绩(50%)+西餐主题宴会设计成绩(50%)

表 3－20　综合考核评价表

小组成绩	小组自评（30%）	小组互评（30%）	教师评价（40%）	合计
中餐主题宴会设计（50%）				
西餐主题宴会设计（50%）				
合计				

具体评分标准：

表 3－21　中餐主题宴会设计评价表

评价项目	评价标准	评价分值	评分
仪容仪表	工作服、鞋袜等干净、整洁，发式、妆束符合行业标准；仪态良好，礼貌礼节规范。面带微笑，举止优雅，姿态优美，体现岗位气质。	10	
铺台布	台布定位准确，十字居中，凸缝朝上，对准正副主人位；一次铺成，台布平整，四周下垂均等。	10	
餐椅定位	从主人位开始拉椅定位；座位中心与餐碟中心对齐，餐椅之间距离均等；餐椅座面边缘与台布下垂部分相切。	10	
摆台操作	餐用具摆放标准统一，操作规范；台布、口布、餐具干净、无破损；操作程序合理，物品摆放规范一致；操作流畅、熟练、安全、卫生。动作规范、合理、娴熟、声轻。	10	
餐巾折花	花型突出主位；花型符合主题、整体协调；花型逼真、美观大方；折叠手法正确、卫生；一次定型、搭配和谐。	10	
斟酒操作	采用托盘斟酒，操作规范，不滴不洒；酒量恰当（白酒八成，葡萄酒六成）；顺序正确（先葡后白酒），动作美观。	10	
托盘操作	餐用具等分类按序摆放，杯具在托盘中杯口朝上； 用左手胸前托法将托盘托起，托盘位置高于选手腰部。	10	
主题创意	台面设计主题明确、特色鲜明、富有创意和文化内涵；主题装饰物造型精美、环保、经济；居中摆放，体量、高度得当，具有可推广性；主题设计说明简洁明了；设计美观、环保、方便阅读。	10	
菜单设计	菜单内容完整，菜式体现特色、营养、美味，摆放在正副主人筷子架右侧，位置一致。	10	
团队协作	团队成员分工明确，沟通畅通，配合默契，整体良好。	10	
总分		100	
实际得分			

操作时间： 分 秒	提前	分 秒	加分	
	超时	分 秒	扣分	
物品落地 件（每件 3 分）				
物品碰倒 件（每件 2 分）				
物品遗漏 件（每件 1 分）				

表 3-22　西餐主题宴会设计评价表

评价项目	评价标准	评价分值	评分
仪容仪表	工作服、鞋袜等干净、整洁，发式、妆束符合行业标准；仪态良好，礼貌礼节规范。面带微笑，举止优雅，姿态优美，体现岗位气质。	10	
铺台布	台布平整铺于桌面，中凸线向上，并压在餐桌纵向中心线上；一次铺成，台布平整，台布对应两边下垂均等。	10	
餐椅定位	从主人位开始拉椅定位；座位中心与餐碟中心对齐，餐椅之间距离均等；餐椅座面边缘与台布下垂部分相切。	10	
摆台操作	餐用具摆放标准统一，操作规范；台布、口布、餐具干净、无破损；操作程序合理，物品摆放规范一致；操作流畅、熟练、安全、卫生。动作规范、合理、娴熟、声轻。	10	
餐巾折花	花型突出主位；花型符合主题、整体协调；花型逼真、美观大方；折叠手法正确、卫生；一次定型、搭配和谐。	10	
斟酒操作	徒手斟酒；口布包瓶，酒标朝向客人，在客人右侧服务；为指定的客人斟倒指定的酒、水(其中水 3 杯、红葡萄酒 3 杯、白葡萄酒 3 杯，共计 9 杯)，斟倒酒、水时，每滴一滴扣 1 分，每洒一滩扣 3 分； 斟倒酒、水的量：水 8 分满；白葡萄酒 6 分满；红葡萄酒 5 分满。	10	
托盘操作	托盘平稳；餐用具等分类按序摆放，杯具在托盘中杯口朝上；左手胸前托法将托盘托起，托盘位置高于选手腰部。	10	
主题创意	台面设计主题明确、特色鲜明、富有创意和文化内涵；主题装饰物造型精美、环保、经济；整体设计高雅、华贵；主题装饰物居中摆放，体量、高度得当；主题设计说明简洁明了，设计美观、环保、方便阅读。	10	
菜单设计	菜单内容完整，菜式体现特色、营养、美味，两份菜单摆放在正副主人右侧，位置一致。	10	
团队协作	团队成员分工明确，沟通畅通，配合默契，整体良好。	10	
总分		100	
实际得分			

操作时间：　分　秒	提前	分　秒	加分	
	超时	分　秒	扣分	
物品落地　件(每件 3 分)				
物品碰倒　件(每件 2 分)				
物品遗漏　件(每件 1 分)				

4. 注意事项

(1) 10 人位中餐主题宴会设计,6 人位西餐主题宴会设计。

(2) 宴会斟酒中,选手斟倒的三位客人分别为主人、副主人、主宾。

(3) 具体操作可参照相关标准:

教育部制定的《高等职业学校酒店管理与数字化运营专业教学标准》中专业教学要求;

文化和旅游部全国旅游行业饭店服务技能大赛中餐、西餐等赛项相关标准;

第 44 届、45 届世界技能大赛餐厅服务项目相关标准;

第 46 届世界技能大赛国内部分省份选拔赛餐厅服务项目相关标准;

教育部组织的全国职业院校技能大赛;

全国旅游院校技能(饭店服务)大赛等相关赛项参赛标准。

项目四

宴会服务

项目简介

宴会服务是酒店提供的一种规格高、礼仪程序严格的服务，宴会服务最能体现酒店的餐饮服务质量与管理水平。本项目包括中餐宴会服务和西餐宴会服务两个任务。

任务一　中餐宴会服务

任务目标

知识目标：了解中餐宴会服务方式；熟悉中餐宴会的准备工作；掌握宴会服务的程序与标准。

能力目标：能给客人提供宴会预定服务；能熟练地进行中餐宴会服务工作，具有良好的组织协调能力和创新能力。

素质目标：培养细心、周密、热情的服务意识，团结、协作、宽容的合作意识，灵活、克制、诚信的职业意识，具备良好的社会适应能力和人际关系处理能力。

思政融合点：政治认同（贯彻新发展理念）；家国情怀（弘扬中华优秀传统文化，增强民族自豪感、国家认同感）；职业精神（培育职业道德、劳动精神、工匠精神、劳模精神等）；健全人格（强化团队意识、互助协作）。

案例导入

只因为少说了一句话

某大餐厅的正中间是一张特大的圆桌，从桌上的大红寿字和老老小小的宾客可知，这是一次庆祝寿辰的家庭宴会。朝南坐的是一位白发苍苍的八旬老翁，众人不断站起对他说些祝贺之类的吉利话，可见他就是今晚的寿星。

一道又一道缤纷夺目的菜肴送上餐桌，客人们对今天的菜感到满意。寿星的阵阵笑声为宴席增添了欢乐，融洽和睦的气氛又感染了整个餐厅。又是一道别具一格的点心送到了大桌子的正中央，客人们异口同声喊出“好”来。整个大盆连同点心拼装成象征长寿的仙桃。不一会儿，盆子见底。客人还是团团坐着，笑声、祝酒声汇成了一首天籁之曲。可是上了这道点心之后，再也不见端菜上来。闹声过后便是一阵沉寂，客人开始面面相觑，热火朝天的生日宴会慢慢冷却了。众人怕老人不悦，便开始东拉西扯，分散他的注意力。

一刻钟过去，仍不见服务员上菜。一位看上去是老翁儿子的人终于按捺不住，站起来朝服务台走去。接待他的是餐厅的领班。他听完客人的询问之后很惊讶：“你们的菜不是已经上完了吗？”在一片沉闷中，客人怏怏离席。

［**案例思考**］

你觉得服务员在本次宴会服务中有哪些不到位的地方？

[案例评析]

承接宴会的六大环节

本例的症结在于上最后一道菜时服务员少说了一句话，致使整个宴席归于失败。服务员通常在上菜时要报菜名，如是最后一道菜，则还应向客人说明，最好再加上一句："你们点的菜都上了，不知还需要添些什么吗?"这样做，既可以避免发生客人等菜的尴尬局面，又是一次促销行为，争取机会为酒店多做生意。

酒店的服务工作中，有许多细微末节的琐碎事情，然而正是这些事构成了酒店的服务质量。在整个服务中需要服务员的细致周到，容不得哪个环节上出现闪失。为确保酒店优质服务的好名声，酒店各部门、各岗位都必须竭尽全力做好，哪怕一个很不起眼的动作都容不得丝毫马虎。

客人离开酒店时的总印象是由在酒店逗留期间各个细小印象构成的。与体育运动中的接力赛不一样，一个人稍差些，其他的人可以设法弥补。在酒店里任何岗位都不许发生疏漏，万一出现差错，别人是很难补上的。因此，酒店里的每个人必须牢牢把好自身的质量关。本例中，由于一名服务员缺了一句不应少讲的话，致使酒店许多员工的服务归于无效，这又一次证明了酒店业"100－1＝0"这一计算公式。

任务实施

一、中餐宴会服务方式

表 4-1　中餐宴会服务方式

服务方式	标准		优点、缺点
共餐式 (聚餐式)	传统宴会是10人围坐一桌，开餐上菜后，主人夹第一筷菜给主宾后，众人方可伸筷进食。由客人使用各自的餐具夹菜进食，服务员进行席间服务。这是中国特有的一种饮食文化，体现了儒家文化"和为贵"的思想，圆桌含有平等、不分尊贵的内涵，围桌而坐有一种团圆、和谐的氛围。		优点：① 客人用餐比较自由；② 适合小餐桌服务；③ 所需的服务员较少，技术要求不是很高，可以同时为多桌的客人提供服务；④ 有中国传统的家庭式用餐方法和气氛融洽的特点。 缺点：① 客人得到的服务较少；② 不善于使用中国餐具的外国客人会把夹拿菜肴视为一种负担；③ 餐后容易出现杯盘狼藉的现象。
分餐式 (分食式)	厨房分盘	又称各客服务，按中餐方法制作菜肴，厨师将烹制好的菜肴在厨房或备餐间，按每人一份装盘，再由服务员送给每位客人进食。	优点：① 减少服务员劳动量；② 厨师分菜后直接给客人保证菜肴新鲜和热度；③ 提高餐厅服务效率。 缺点：① 增加厨师工作量；② 增加传菜中的菜肴数量。

（续表）

服务方式	标准		优点、缺点
	服务分菜	服务员使用公共餐具分派菜点，客人使用个人餐具进食的就餐方式。服务员可以在桌上或在边桌分菜。分菜要均匀，可以一次性将菜全部分完，也可略有剩余，经过整合后重新摆上餐桌让客人自取。	优点：① 客人感觉受到关照，备感亲切；② 既能显示中餐菜肴的整体精美，又让客人对食用菜肴的卫生放心。 缺点：① 服务用工较多，不经济；② 对服务员分菜技艺要求高。
	自行取菜	客人使用席上公共餐具自行取菜。由客人用公筷、公勺把菜点夹到自己使用的骨盘内，然后换成自己的筷、勺用餐。	优点：客人可以根据个人喜好和食量自行取用，避免浪费。 缺点：客人得到的服务非常少。
中西融合式	用餐方法是按纯正的中餐烹调方法制作菜肴，按西餐烹调方法与要求设计菜单结构、菜肴装盘与上菜方法，餐台同时摆放筷子和西餐刀叉。		优点：随着中国跨文化交流不断深入，该方式将是未来的一种发展趋势。 缺点：增加服务人员压力，比如跨文化服务能力。

二、中餐宴会服务程序与标准

中餐宴会服务

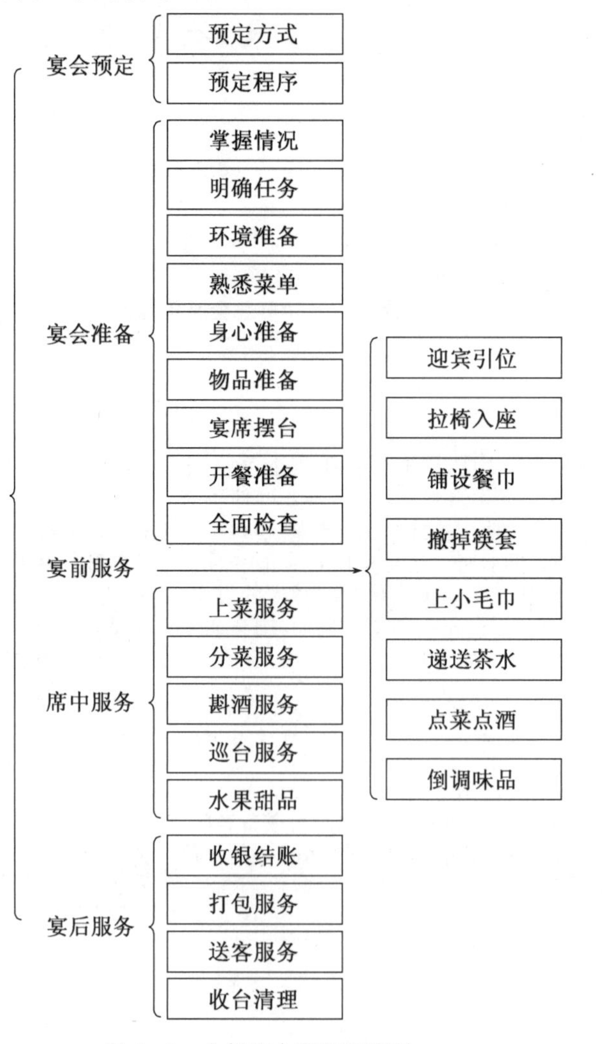

图 4-1　中餐宴会服务程序图

（一）宴会预定

1. 预定方式

宴会预订工作流程

宴会预定方式是指为预定宴会，主办方与酒店宴会预定员之间接洽联络、沟通宴会预定信息而采取的方式、方法。一般常见的预定方式有面谈预定、电话预定、信函预定、传真预定、中介预定、网络预定、指令性预定等。

表 4-2 宴会预定方式

预定方式	解释
面谈预定	面谈预定是最常见、最有效、最理想的一种宴会预订方式，住店客、地区居民多用这种方式预订。预定者通过与宴会预订员进行面对面的交谈，可以充分了解酒店举办宴会的各种基本条件和优势，洽谈举办宴会的一些细节问题，解决宾客提出的一些特殊要求。面谈可以增进彼此间的信任和了解，有利于达成一致意见。
电话预定	电话预定是最常见、最方便、最经济的宴会预定方式，主要用于小型宴会预订。预定人应说明单位名称、人数、标准、时间，留下联系人的姓名和电话号码。
信函预定	信函预定适宜于远距离、长时间预定的住店客或企事业单位。它以书面的方式询问和回答有关问题。事后还要与酒店保持联络，并结合电话预订或面谈，最终达成协议。
传真预定	传真预定是介于电话预定与信函预定之间的一种预订方式，它比信函预定速度要快，比电话预定更具体、更准确。
中介预定	中介人是指专业中介公司或饭店内部职工。专业公司可与饭店宴会部签订常年合同代为预订，收取一定佣金。对于饭店比较熟悉的老客户可由饭店员工代为预订。
网络预定	客人通过网络平台寻找酒店宴会预定信息，并填写相关信息。网络预定不会占线、信息准确、不易遗忘。
指令性预定	政府指令性预定是指政府机关或主管部门在政务交往或业务往来中安排宴请活动而专门向直属宾馆、饭店宴会部发出预订的方式。往往具有一定的强制性，酒店要无条件满足。
智能预定	随着信息技术的发展，通过线上预定、点菜、设置烹饪方法的预定方式已形成趋势。

2. 预定程序与标准

表 4-3 宴会预定程序与标准

程序		标准
接受预定	热情接待	如是电话预定，铃响三声内迅速接电话，礼貌问好，自我介绍。询问客人预订要求，声音清晰、柔和，音量适中，语速快慢有序。主动介绍宴会标准、宴会场所、特色菜肴。一般宴会不必向客人主动介绍餐厅，高规格宴会则尽可能使用客人喜欢的宴会厅。
	仔细倾听	接受预订时，宴会预订员应热情、礼貌地接待每一位前来预订的客人，仔细倾听客人对宴会的要求，与客人详细讨论所有的宴会细节，并做好必要的记录。注意不要随意打断客人的谈话，同时应主动向客人介绍饭店的宴会设施和宴会菜单，做好推销工作，并回答客人的所有提问。

（续表）

程序		标准
	认真记录	宴会预订员应根据面谈细节信息逐项填写清楚主办单位（或个人）的名称、宴会名称、宾主身份、宴会的时间、人数、标准、场地布置要求、菜肴酒水要求、付款方式和其他特殊要求等。宴会预订单填写好以后，应向预订客人复述，并请其签名。
	礼貌道别	礼貌地向客人道别。
落实预定	填写记录	填写清楚宴会的地点、日期、时间、人数、用餐标准、厅堂布置等内容，注明是否收取确认的标记。
	签订合同	一旦宴会预定得到确认，就可签订宴会合同，经双方签字后生效。宴会合同一式两份，双方各执一份，并附上经认可的菜单、饮料、场地布置示意图等细节资料。如需变更，需双方协商解决。
	收取定金	为了保证宴会预订的落实，可以要求客人预付定金。但对饭店的常客及资信较佳者，可灵活掌握是否收取定金。
	确认和通知	在宴请活动前几天，应设法与客人联系，进一步确定已谈妥的所有事项。确认后填写“宴会通知单”送交各有关部门。若有变动，应立即填写“宴会变更通知单”，发送相关部门，并注明原宴会通知单的编号。
	建立档案	将客人尤其是常客的有关信息和活动资料整理归档，以便下次提供针对性服务。

（二）宴会准备

表 4-4　中餐宴会准备程序与标准

程序	标准
掌握情况	参加班前会，掌握宴会的具体任务，使服务工作做到“九知”“五了解”。“九知”即知出席宴会人数、桌数、主办单位、邀请对象、宾主身份（主办主人）、宴会的标准及开宴时间、菜式品种、出菜顺序、收费办法；“五了解”：了解客人的宗教信仰和风俗习惯，了解客人的生活忌讳，了解客人的特殊需要，了解会议安排，了解客房安排等。
明确任务	一是明确任务要求：宴会要求、菜单要求、摆台要求、服务要求、走菜要求、结束要求等。二是明确任务分工：把宴会目标从空间与时间上分解成执行的细节，根据宴会要求设置管理人员、迎宾、值台、传菜、斟酒及衣帽间、贵宾室等岗位，对工作区段、工作范围、工作职责和工作要求有明确的分工与要求，落实到每一个岗位、每一个人。
环境准备	包括场景布置、台型布置、清洁卫生、时间要求。宴会厅的布置应体现宴会的性质和档次，以营造隆重、热烈、美观、优雅的就餐环境，具体表现在宴会的台面和台型设计上面。
熟悉菜单	服务员应熟悉宴会菜单和主要菜点的风味特色，以做好上菜、派菜和回答宾客对菜点提出询问的思想准备。同时，应了解每道菜点的服务程度，保证准确无误地进行上菜服务。能准确说出每道菜的名称，能准确描述每道菜的风味特色，能准确讲出每道菜肴的配食佐料，能准确知道每道菜肴的制作方法，能准确服务每道菜肴。
身心准备	通过各种形式加强对员工的教育培训，如召开有关人员会议，讲意义、交任务、提要求、明责任、究奖惩。上岗前，按照酒店员工仪容仪表规范要求化妆上岗、淡妆上岗。上岗时，工服整洁挺括、具有特色，重要宴会需戴白手套；行为举止符合规范，使客人产生良好的第一印象和愉悦的美感。

(续表)

程序	标准
物品准备	计算餐具用量,备足酒水饮料、佐料;选配器皿、用具,餐具要多备1/5。
宴席摆台	操作前要洗手消毒,按摆台标准摆好餐台,检查整体台面,保证餐具、用具齐全,符合要求,摆放一致,无破损。
开餐准备	一般在宴会开始前5～15分钟摆上冷盘;开宴前10分钟,准备迎客。
全面检查	宴会主管在开餐前1小时检查场地、员工、餐桌、卫生、安全和设备等。

[**注意事项**]

中餐宴会厅应注意几条直线:

(1) 餐厅内所有餐台脚要横、竖成一直线;

(2) 餐厅内所有餐椅脚要横、竖成一直线;

(3) 餐厅内所有餐台布的十字折缝要成一直线;

(4) 餐厅内所有餐台上的花瓶、花盆要成一直线;

(5) 或者按照一定规则进行排列,但是一般应追求呈线、呈行等规则图形。

(三) 宴前服务

表4-5 中餐宴会宴前服务程序与标准

程序	标准	用语
迎宾引位	迎宾服务形式:夹道式、领位式、站位式。 服务员以规范站姿,面带微笑,主动向客人问好,用手示意客人进入餐厅,并在客人右前方1.5米处引领客人入座。	晚上好/早上好/中午好,先生/女士。欢迎您光临我们餐厅! 您好,欢迎光临! 请将衣物给我,我为您保管!
拉椅入座	按女士优先、先宾后主的原则热情地为客人拉椅让座,在客人即将坐下去的时候要将椅子送回,并用手示意客人入座。拉椅动作要迅速、敏捷,力度要适中、适度,如有儿童用餐,需加宝宝椅。	各位先生/女士:中午(晚上)好,欢迎光临本餐厅! 您请坐!
铺设餐巾	按照女士优先、先宾后主的原则,站在客人右侧,拿起餐巾将其打开,右手在前,左手在后,将餐巾轻轻放在客人腿上或压在骨碟下,注意不要将手肘送给客人。	对不起,打扰一下,先生/女士,帮您铺设一下餐巾!
撤掉筷套	站在客人的右侧,左手拿筷,右手打开筷套封口,捏住筷子后端并取出,摆在原来的位置。将每次脱下的筷套握在左手中,最后一起收走。	帮您撤一下筷套行吗?
上小毛巾	将小毛巾放在毛巾篮里,用毛巾夹从客人左侧放入毛巾碟内,并表示请客人使用小毛巾。注意上、撤小毛巾时,服务员都不可以用手直接接触毛巾。	先生/女士,请用小毛巾!

(续表)

程序	标准	用语
递送茶水	站在客人右侧,询问客人喜欢喝何种茶,适当介绍。从客人右侧,连带茶托一起放在餐具右侧与骨碟中心对齐,斟倒七八分满。给全部客人斟倒完茶水后将茶壶续开水,放在桌子上,壶柄朝向客人,供客人自己加水。用茶壶倒茶时,服务员用右手拿壶把,左手按压壶盖。	您好。请问喜欢喝什么茶?我们有…… 先生/女士,请用茶!
点菜点酒	见下表。	
倒调味品	用白色工作巾垫好酱醋油壶,斟倒二分满,轻轻放回原位。	

表4-6　点菜点酒程序与标准

程序	标准	礼貌用语
准备点菜	在客人左侧或右侧用双手递上菜单,准备好点菜单、笔,准备点菜。	晚上好/早上好/中午好,先生/女士!很高兴为您服务,我是服务员××。 先生/女士,请您看一下我们的菜单。
接收点菜	当客人看完菜单或示意点菜时,服务员应立即上前,端正站在客人身后30 cm~50 cm处,身体微向前倾,左手握订单,右手执笔,站立姿势要美观大方。	先生/女士,请问现在可以为您点菜吗?先生/女士,请问您们要点些什么菜呢?我们有……菜是很好的,今天有特别的品种……试一下好吗?
介绍菜式	简单介绍菜肴名称、特点。	我们餐厅提供的菜肴有…… 请问用什么菜,我们这有…… 今天刚推出……菜,您是否品尝一下?
推销酒水	征询客人是否可以点酒,适时推销酒水。	请问现在可以为您点酒吗?请问先生/女士,您需要什么酒水?我们餐厅有长城干红葡萄酒、红星二锅头和可口可乐。
记录内容	记录餐桌号、进餐人数、日期、开单时间、分量、服务员自己的名字(或工号),备注栏记录宾客对菜肴的特殊要求,酒水、冷菜、热菜、点心等要分开填写,点菜单与酒水单应分开递交。填写内容要齐全,要准确、迅速、清楚、工整。	
复述确认	复述客人所点内容。	先生,您点的菜有××对吗?还需要什么吗?非常感谢,请稍等,您的菜很快就会来,祝大家就餐愉快!

案例分析

某年5月的一个周末,某饭店203房间接待了一场家宴,加孩子共有10位客人。一开始,客人点的是380元的烤鸭套餐,并在看菜单时问服务员:“姑娘,菜不够吃的时候再加吧！”服务员说：“可以的，不够吃的时候再给您点。”餐中，客人加了两个家常菜。但因为服务员没有告诉客人加菜需要另付费用，所以当客人在看账单的时候就问道：“服务员，怎么这两个菜加钱了呢？”服务员立刻向客人解释，这两道菜不在客人点的套餐内。客人皱了皱眉头。当给客人结账时，服务员将这件事情告诉了主管，主管立刻拿了份果盘，去房间里给客人道歉，客人的态度也很好，说：“小姑娘，以后一定要说明白了，不然就不给你们结账了。”

[**案例思考**]

在此案例中，客人为什么对账单产生疑惑？作为服务人员，今后在点菜的过程中还应注意哪些方面？

（四）席中服务

表 4－7　中餐宴会席中服务程序与标准

程序	标准	礼貌用语
上菜服务	上菜位置：陪同和翻译之间，或副主人右侧。 上菜时机：冷菜在开宴前 5～15 分钟上；一般宴会在冷菜吃到一半（10～15 分钟后）开始上，每 10 分钟左右上一道菜。 上菜顺序：“八先八后”原则，先冷后热，先主（优质、名贵、风味菜）后次（一般菜），先炒后汤，先咸后甜，先浓后淡，先荤后素，先下酒菜后下饭菜，先菜后点。 摆菜原则：对称摆放、方便食用、尊重主宾、操作规范。 上整鸡、整鸭、整鱼时，应注意“鸡不献头，鸭不献掌，鱼不献脊”，并要主动为客人用刀划开、剔骨。 操作标准：依菜单顺序从上菜口上菜，用手势报菜名，简单介绍菜肴（菜肴名称、口味特点、典故和食用方法），特色菜要重点介绍，请客人享用，提醒客人菜已上齐。所上菜肴，遇有佐料的，应先上佐料后上菜。介绍菜肴时要后退半步，表情自然，吐字清晰，面带微笑，声音悦耳。掌握好上菜时机，等客人敬酒或说话后再上，上菜快慢要适当，不要从客人头顶上菜。	对不起，打扰一下 退后一步报菜名：×××，请品尝。并伸手示意。 各位来宾，这是本店特色菜××，请品尝。 尊敬的各位客人，您的菜已经上齐了。
分菜服务	先将菜肴上桌，根据上菜要求操作，并征询客人给客人分菜，可以采用桌上分让式、二人合作式、边桌分让式，做到不滴不洒、清洁卫生、动作利索、分量均匀、跟上佐料、注意反应、抓紧服务。	先生/女士，现在为您分一下菜好吗？ 请稍等，我来分一下这道菜！
斟酒服务	按先主宾后主人、女士优先原则顺时针方向，应先斟色酒，后斟白酒，按斟酒服务规范操作，第一次斟倒时，用托盘斟酒，席间服务时可徒手斟酒；开餐前若已斟上红酒和白酒，则从主宾开始斟倒饮料，征求客人意见，宴会若未提前定好酒水，客人入座后，应先问酒，客人选定后，按规范进行操作；宴会过程中，应注意随时添酒，不使杯空，客人表示不需要某种酒时，应把空杯撤走。	请问您喜欢用哪种饮料？ 请问今天用什么酒，我们这有……

（续表）

程序	标准	礼貌用语
巡台服务	根据客人实际的需求提供周到、细致的服务。酒水只剩 1/3 时要斟倒。骨碟超过 1/3 杂物时更换骨碟，服务员用右手从主宾的右边依次撤去脏骨碟同时换上干净的碟，用礼貌用语并伸手示意。客人站起来张望时要主动询问服务需求。随时清洁客人餐桌，撤掉空盘、空碗、空杯。在客人进餐的整个过程中，服务员必须向客人提供 4 次小毛巾。即当客人入席后送第一次；当客人吃完带壳、带骨等须用手抓的食物后送第二次；当客人吃完海鲜后送第三次；当客人吃完甜食后送第四次。	打扰一下，给您斟倒酒水！ 给您换一下骨碟可以吗？ 先生/女士，请问有什么需要帮忙的吗？
水果甜品	服务水果或甜品前应将用餐餐具撤离餐桌，餐桌上仅留酒杯和饮品杯；服务水果或甜品要使用适应的餐用具；适时提供最后一道毛巾。	水果拼盘，请慢用！ 请品尝！请享用！

【知识链接】

中餐宴会服务撤换餐具标准

表 4-8　中餐宴会服务撤换餐具标准

服务程序	工作步骤
要求	客人在用餐过程中，要勤为客人更换餐具，更换时要轻拿轻放，不能发出响声。
时机	在遇有下列情况之一时，餐具须及时更换： • 用过一种酒水，又用另一种酒水时； • 装过有鱼腥味食物的餐具，再上其他菜时； • 吃甜菜和甜汤之前； • 吃风味特殊和调味特别的菜肴之后； • 吃带芡汁的菜肴之后； • 当餐具脏时； • 当盘内骨刺残渣较多，影响美观时。

1. 上菜服务

(1) 摆菜艺术

摆菜要根据品种色调的分布、荤素的搭配、菜点的观赏面的逆顺、菜盘间的距离等艺术摆放，使得整个席面荤素搭配、疏密得当、整齐美观，以增添宴会气氛。讲究对称摆放，如鸡对鸭、鱼对虾等，同形状、同颜色的菜肴相间对称摆在餐台的上下或左右位置上。菜点摆放原则与艺术如表 4-9 所示。

上菜服务

表 4-9　菜点摆放原则与艺术

数量	原则	艺术
1 道菜	一中心	1 菜时，放于餐台中心。
2 道菜	二平放	2 菜时，摆成横“一”字形，1 菜 1 汤时，摆成竖“一”字形，汤在前、菜在后。
3 道菜	三三角	3 菜时，摆成品字形；2 菜 1 汤时，汤在上、菜在下。
4 道菜	四四方	4 菜时，摆成正方形；3 菜 1 汤时，以汤为圆心，菜沿汤内边摆成半圆形。
5 道菜	五梅花	5 菜时，摆成梅花形；4 菜 1 汤时，汤放中间，菜摆在四周。
5 道菜以上	六圆形	以汤、头菜或大拼盘为圆心，其余菜点围成圆形。

（资料来源：张红云. 宴会设计与管理[M]. 武汉：华中科技大学出版社，2018.）

（2）特殊菜肴上菜

① 冷菜。如潮式卤水拼盘，要上白醋；鱼鲞类要跟米醋。

② 佐料菜。佐料配齐后，或先上佐料后上菜，或与菜同时摆上，如清蒸鱼配有姜醋汁，北京烤鸭配有大葱、甜面酱、面饼、黄瓜等佐料。

③ 声响菜，如海参锅巴、肉片锅巴、虾仁锅巴，一出锅就要以最快速度端上餐台，随即把汤汁浇在锅巴上，使之发出响声。

④ 油炸爆炒菜。如凤尾明虾、炸虾球、油爆肚仁等，易变形，需配番茄酱和花椒盐。一出锅应立即端上餐桌。上菜时要轻稳，以保持菜肴的形状和风味。

⑤ 拔丝菜。如拔丝香蕉、拔丝苹果、拔丝山芋等，为防止糖汁凝固、保持拔丝菜的风味，要托热水上，即将装有拔丝菜的盘子搁在盛装热水的汤上，用托盘端送上席，并跟凉开水数碗。

⑥ 外包菜。上泥包、盐焗、荷叶包的菜时，如灯笼虾仁、荷叶粉蒸鸡、纸包猪排、盐焗鸭、荷香鸡等，端上台让客人观赏后，再拿到操作台上当着客人的面打破或启封，以保持菜肴的香味和特色，再将整个大银盘以左手托住，由主宾开始，按顺时针方向绕行一圈，让每位客人都能看到厨师的杰作。

⑦ 原盅炖品菜。如冬瓜盅，要当着客人的面启盖，以保持炖品的原味，并使香气在席上散发。揭盖时要翻转移开，以免汤水滴落在客人身上。

⑧ 河海鲜菜。需要用手协助食用带壳的虾类或蟹时，必须随菜供应洗手盅。贵宾式服务，应为每位宾客各准备一只洗手盅。洗手盅盛以温水，加上柠檬片或花瓣。

⑨ 大闸蟹。吃大闸蟹时，必须上姜醋味碟并略加绵白糖，以利于祛寒去腥。吃完大闸蟹后为每位客人上一杯糖姜茶暖胃。备洗手盅和小毛巾，供食前餐后洗手。

⑩ 多汁菜。除了汤品需要使用小汤碗盛装之外，一些多汁的菜肴也需采用小汤碗，以方便客人食用。根据菜单中的菜式需要，准备足够的汤碗备用。

⑪ 铁板类菜。铁板大虾、铁板牛柳、铁板鸡丁等菜既可以发出响声烘托气氛，又可以保温。服务时要注意安全，铁板烧的温度要适宜，向铁板内倒油、香料及菜肴时，离铁板要

近，最好用盖子半护着，以免锅内的油烫伤客人。

⑫ 上汤、火锅、铁板、锅仔类菜时，需在火锅、铁板、锅仔下面放置一个垫盘，保证安全，服务方便。

[**注意事项**]

上菜服务时应注意：

(1) 先上调味品，再将菜端上；每上一道新菜都要转向主宾前面，以示尊重。

(2) 上菜前注意观察菜肴色泽、新鲜程度，注意有无异常气味，检查菜肴有无灰尘、飞虫等不洁之物；在检查菜肴卫生时，严禁用手翻动或用嘴吹，必须翻动时，要用消过毒的器具；对卫生达不到质量要求的菜及时退回厨房。

【知识链接】

中国不同地区的上菜顺序

按照三水（黄河、长江、珠江）四方（东、南、西、北）的地域来分，中国不同地区的上菜顺序也不完全相同，如表 4－10 所示。

表 4－10　中国不同地区的上菜顺序

地区	上菜顺序
北方地区（华北、东北、西北）	冷荤（有时也带果碟）——热菜（以大件带熘炒的形式组合）——汤点（以面食为主，有时也跟在大件后）
西南地区（云贵川渝和藏北）	冷菜（彩盘带单碟）——热菜（一般不分热炒和大菜）——小吃（1～4道）——饭菜（以小炒和泡菜为主）——水果（多用当地名品）
华东地区（苏浙沪皖，以及江西、湖南、湖北的部分地区）	冷碟（多系双数）——热菜（也为双数）——大菜（含头菜、二汤、荤素大菜、甜品和座汤）——饭点（米面兼备）——茶果（数量视席面而定）
华南地区（广东、广西、海南、福建、港澳台地区）	开席汤——冷盘——热炒——大菜——饭点——时果

（资料来源：贺习耀. 宴席设计理论与实务[M]. 北京：旅游教育出版社，2010.）

2. 分菜服务

分菜也称派菜、让菜。分菜服务是指菜点经客人观赏后，服务员代替主人，使用服务叉、服务勺将菜点依次分让到客人餐碟中的服务过程。分菜服务是宴会服务中技术性很强的工作，吸收了众多西餐服务方式的优点并与中餐服务相结合，一般适用于正式宴会与中餐西吃式的高档宴会。

分菜服务

（1）分菜服务用具及标准

表 4－11　分菜服务用具及标准

用具	标准	适用菜肴
服务叉、勺	详见下表。	叉、勺是最常用的分菜工具，用于丝、片、丁、块类菜肴分菜。
公用勺和公用筷	服务员站在与主人位置成 90°角的位置上，右手握公用筷，左手持公用勺，相互配合将菜肴分到宾客餐碟之中。	用于分菜。
长把汤勺	分汤菜，汤中有菜肴时需用公用筷配合操作。	用于分汤。
刀、叉、勺配合	先用刀、叉剔除鱼刺或鸡、鸭骨，然后分切成块，用服务叉、勺分菜。	分切带骨、刺的菜，如鱼、鸡、鸭等。

服务叉、勺的握法

（2）服务叉、勺的握法

表 4－12　服务叉、勺的握法

握法	标准	图示
指握法	将一对服务叉、勺握于右手，叉、勺相对，叉子位于勺子上方，服务勺在下方，横过中指、无名指与小指，将叉、勺的底部与小指的底部对齐并且轻握住叉、勺的后端，将食指伸进叉、勺之间，用食指和拇指尖握住叉子。	
指夹法	将一对叉、勺握于右手，正面向上，叉子在上，服务勺在下方，使中指及小指在下方而无名指在上方夹住服务勺。将食指伸进叉、勺之间，用食指与拇指尖握住叉子，使之固定。	
右勺左叉法	右手握住服务勺，左手握住服务叉，左右来回移动叉勺，适用于派送体积较大的食物。	

(3) 分菜方式

一般中餐宴会常见的分菜方式有桌上分让式、厨房分菜式和旁桌分让式，其中桌上分让式最常用。

表 4－13　分菜方式及标准

方式	标准	备注
桌上分让式	单人分菜：服务员右手持服务叉、勺，左手托菜盘（菜盘下垫口布），右手拿分菜用的叉、勺，从主宾右侧开始，按顺时针方向绕台进行，动作姿势为左腿在前，上身微前倾。	分菜时做到一勺准，不允许将一勺菜或汤分给二位客人，数量要均匀，可将菜剩余 1/5 再装小盘，然后放桌上，以示富余。
	转盘分菜：先把骨碟摆在转台边缘，将菜盆端到转台上示菜，将菜肴分派到骨碟上，从客人右侧放到客人面前。	
	两人分菜：两位服务员合作分菜，适用于高档宴会。	
厨房分菜式	厨师将烹制好的菜肴在厨房或备餐间，按每人一份装盘，再由服务员送给每位客人。	适用于分餐制和比较高档的炖品、汤类、羹类或高档宴会。
旁桌分让式	由服务员将菜端上台，介绍菜式，供宾客观赏后，端回工作台，在工作台上摆好相应的餐具，将菜或汤用分菜用具（叉、勺）进行均匀分派；菜分好后，从主宾右侧开始按顺时针方向将餐盘送上，并用礼貌用语："您请用。"	注意要将菜的剩余部分，换小盘再上桌；分汤或一些难分派的菜。

(3) 分菜要求

① 清洁卫生。员工手部与餐具保持卫生，不得将掉在桌上的菜肴拾起再分给客人；手拿餐碟的边缘，避免污染餐碟。分菜时留意菜的质量和菜内有无异物，及时将不符合标准的菜送回厨房更换。若发现台面上滴留汤汁或食物，则用湿抹布擦拭干净。

② 动作利索。在保证分菜质量的前提下，以最快的速度完成分菜工作。分菜时一叉一勺要干净利索，切不可在分完最后一位时，菜已变凉。

③ 分量均匀。估计每位客人所分菜量，宁可开始少分一点，以免最后几位不够分配。分完后，若菜肴略有剩余，可对餐盘稍加整理，把叉、勺放在骨盘上，待客人用完时自行取用或由服务人员再次服务。一次分不完的菜或汤，主动进行第二次分让。有两种以上食物（如大拼盘或双拼盘）的菜肴，分菜时须均匀搭配。

④ 跟上佐料。如有需要佐料的菜肴，分菜时要跟上佐料，并略加说明。

⑤ 注意反应。分菜时应留意客人对该菜肴的反应，留意是否有人忌食或对该菜肴有异议，并立即进行适当处理

⑥ 抓紧服务。分完一道菜后，抓紧时间进行斟酒、撤换烟灰缸、收拾工作台等服务工作，不能一味站着等下一道菜。

【知识链接】

表 4-14　中餐整鱼服务

程序	标准
报菜名	上鱼时先报菜名，向客人展示后，撤至服务桌，鱼尾向右。
剔鱼脊骨	服务员左手持叉，右手持刀，用叉轻压鱼背，以避免鱼在盘中滑动，叉不能叉进鱼肉中，用刀在鱼头下端切一刀，在鱼尾切一刀，将鱼骨刺切断。用餐刀从鱼头刀口处沿鱼身中线，刀刃向右将鱼肉切开至鱼尾刀口处。将刀叉同时插入鱼中线刀口处，用叉轻压鱼身，用餐刀沿中线将鱼肉两边剔开，让整条骨刺露出来。左手轻压脊骨，右刀从鱼尾刀口处刀刃向左将鱼骨整条剔出，放在一旁的餐碟上。
整理成形	用刀、叉将鱼肉合上，整成鱼原型，再将鱼身上的佐料稍为整理，保持鱼型美观，然后端上餐桌。

[**注意事项**]

席中服务注意事项：

① 服务操作时，注意轻拿轻放，严防打碎餐具和碰翻酒瓶、酒杯，以免影响就餐气氛；

② 宴会期间，两个服务员不应在宾客的左右同时服务，以免宾客左右为难；

③ 宴会服务应注意节奏，不能过快或过慢，应以宾客进餐速度为准；

④ 服务员间分工协作，讲究默契；

⑤ 当宾、主在席间讲话或祝酒时，服务员要停止操作，迅速退至工作台两侧肃立，姿态要端正，要保持安静，切忌发出声响；

⑥ 席间若有宾客突感身体不适，应立即请医务室协助处理，并向领导汇报，将食物原样保存，留待化验。

【知识链接】

餐饮服务的一三四五六八

“一快”：服务快；

“三轻”：走路轻、说话轻、操作轻；

“四勤”：眼勤、手勤、口勤、脚勤；

“五声”：来：迎声；走：送声；体贴：问候；打扰：致歉声；表扬：谢声；

“六礼貌语”：请、您、您好、谢谢、对不起、再见；

“八字”：主动、热情、耐心、周到。

（五）宴后服务

表 4-15　宴后服务程序与标准

程序	标准	用语
收银结账	1. 当客人表示结帐时，服务员观察客人有无未开启酒水，并征询客人是否退回； 2. 服务员将底单迅速拿至收银台，核对无误后，使用结帐夹提供结帐服务； 3. 服务员双手将结帐夹打开呈递客人，当客人付现后，服务员应表示感谢并点清付现金额，结帐时注意为客人保密； 4. 请客人在电脑底单背后注明单位名称，为其开据发票； 5. 请客人核对发票及所找金额是否准确； 6. 如客人使用信用卡、支票、扫码的方式结帐，参见相应标准。	晚上好/早上好/中午好，先生/女士，您的帐单！ 谢谢您，×××先生/女士！
打包服务	提倡“光盘”行动、绿色消费，宴会结束有多余剩菜时，婉言提醒客人可以提供打包服务，当客人同意或主动提出打包服务时，应提供相应的食品盒（袋），根据客人的要求，将需要的剩菜分类装入食品盒内。同时告知客人注意低温保存与保存的时间限制，再食时要高温消毒。请客人过目后将食品递交给客人或放在服务台上。	先生/女士，请问剩下的菜肴需要打包吗？先生/女士，这是已经打包好的菜肴。
送客服务	主人宣布宴会结束，客人起身离座时，要主动为其拉开座椅，尤其照顾好重要客人、老弱客人、妇女与儿童离席。疏通走道，方便客人离席行走。提醒客人带好自己的手机、提包等物品，为客主动、及时递送衣物与打包食品。客人出餐厅时，根据取衣牌号码，及时、准确地将衣帽或提包取递给客人。当客人走出宴会厅时，向客人道谢并再见。告别语言应准确、规范，目送或随送客人至宴会厅门口。	请携带好您的随身物品！您走好，欢迎下次光临！请慢走，感谢您再次光临本餐厅。
收台清理	用餐宾客离开后，检查客人是否有遗留物品，然后清理台面，收台工作要分步进行，先收布草、杯具、银器，后收瓷器餐具，玻璃器皿和瓷器要严格分开，轻拿轻放，对金银玉器餐具需要进行清点，搞好餐厅环境卫生，做到“三清两不留”，即台面清、地面清、工作台清，餐厅中不留食物、不留垃圾。	

【知识链接】

结账服务程序及结账方式

1. 结账服务程序与要求

（1）只有当客人示意服务员结账时，服务员才能将账单交给客人。不得在客人没要求结账时将账单交与客人。

（2）服务员到账台打印账单。核对账单上所列的各个项目与价格是否正确。

（3）客人结账付费，行话又称“埋单”。服务员将账单放入账单夹内或放于托盘内，用口布盖好，递交给客人审核。走到客人右侧，打开账单夹，确保账单夹打开时账单正面朝向客人。右手持单递至客人供其检查，同时用手势将消费金额示意给客人。尊重客人隐私，不要大声唱收唱付。

(4) 结账完毕，站在客人右侧，将账单上联、收据及所找零钱(或信用卡)送给客人。真诚地向客人致谢并征询客人对宴会的意见。

(5) 结账时，不允许催促客人或暗示客人付小费。

(6) 及时了解顾客对菜肴、服务等是否满意，并真诚感谢客人。

2. 结账方式及注意事项

(1) 现金结账。服务员礼貌地当面清点钱款，请客人等候，将账单及现金交给收银员。核对收银员找回的零钱及账单联是否正确，并真诚感谢客人。

(2) 支票结账。请客人出示身份证或工作证，然后将账单及支票、证件交给收银员。收银员结账完毕，记录证件号码及联系电话。服务员将账单上联及支票存根核对后送还给客人，并真诚感谢客人。如客人使用密码支票，应请客人说出密码并记录在纸上；如客人使用旅行支票结账，应请客人到外币兑换处兑换成现金后再结账；如客人使用私人支票，请客人填好金额总数并签名，并请客人留下名片或联系地址。

(3) 刷卡结账。请客人到收银台或把 POS 机拿到客前划卡结账。在客人输入密码时员工应回避。划账后打印收据，请客人在信用卡收据上签字，并检查签字是否与信用卡上的一致。

(4) 签单结账。住店客人签单时，礼貌地要求客人出示房卡，示意客人写清房号并签名。客人签好账单后，真诚感谢客人。迅速将账单送交收银员，以查询客人的名字与房间号码是否相符。非住店客人签单时，须核实客人是否具有签单权。

【知识链接】

餐厅服务程序五字诀

客到主动迎　态度要热情　开口问您好　脸上常挂笑
微笑要自然　面目表情真　走路要稳健　引客在前行
落座先拉椅　动作似娉婷　遇客对话时　双注客表情
待客坐定后　随及递毛巾　席巾铺三角　顺手拆筷套
热茶奉上后　菜单紧跟行　点菜循原则　条条记得清
酸甜苦辣咸　口味各不同　荤素要搭配　冷热要分明
主动加艺术　精品要先行　定菜要重复　价格要讲明
下单要清楚　桌号位数明　酒水要明确　开瓶手要轻
斟倒从右起　商标要展明　冷菜要先上　热菜随后行
叫起应有别　状况要分明　选好上菜位　轻放手端平
菜名报得准　特别介绍明　传菜按顺序　上菜分得清
桌面勤整理　距离要相等　分菜从右起　份量要适中

汤菜上齐后	对客要讲明	客人谈公务	回避要主动
客人有要求	未提先悟明	待客停筷后	人手茶一杯
送客巾递上	生果随后行	就餐结束后	帐目要结清
盘中有余餐	打包问一声	买单完毕后	虚心意见征
客人无去意	再晚不催行	客人起身走	衣物递上行
送客仍施礼	道谢要先行	发现遗留物	及时还失主
撤台要及时	翻台要迅速	按此规范做	功到自然成

任务总结

1. 中餐宴会服务方式:共餐式(聚餐式)、分餐式(分食式)、中西融合式。

2. 宴会预定主要有当面预定、电话预定、信函预定、传真预定、中介预定、网络预定、指令性预定等。

3. 宴会预定的程序包括热情迎接、仔细倾听、认真记录、礼貌道别、填写记录等。

4. 中餐宴会服务程序主要包括宴会预定、宴会准备、宴前服务、席中服务、宴后服务。

5. 宴会工作包括掌握情况、明确任务、环境准备、熟悉菜单、身心准备、物品准备、宴席摆台、开餐准备、全面检查。

6. 宴前服务程序包括迎宾引位、拉椅入座、铺设餐巾、撤掉筷套、上小毛巾、递送茶水、点菜点酒、倒调味品等。

7. 点菜、点酒程序包括:准备点菜、接收点菜、介绍菜式、推销酒水、记录内容、复述确认。

8. 席中服务包括上菜服务、分菜服务、斟酒服务、巡台服务、水果甜品服务等程序。

9. 菜点艺术摆放原则:一中心、二平放、三三角、四四方、五梅花、六圆形。

10. 掌握分菜服务常用用具及握法。

11. 分菜方式主要有桌上分让式、厨房分菜式和旁桌分让式。

12. 分菜要求清洁卫生、动作利索、分量均匀、跟上佐料、注意反应、抓紧服务。

13. 宴后服务程序主要包括收银结账、打包服务、送客服务、收台清理。

任务考核

1. 某一饭店接待一批“寿宴”任务,共20桌。请根据中餐宴会服务程序与标准,制定一份详细的宴会开餐服务的程序,并写明标准及要求。

2. 参加校外兼职活动,在实际工作中掌握宴会服务技能与技巧。

拓展阅读

中国以左为尊与中式宴会右席为尊的冲突

中国以左为尊的习俗来源于中国的古典文化礼仪——“拱手”。我们都知道握手时抬起右手是对对方的尊重，而拱手之礼则是以左手抱右手，寓意为扬善隐恶。因为古以左手为善，右手为恶。但是为什么在中式宴会的席位安排上往往把主人位的右手边安排为第一主宾呢？原来这是为了顺应国际惯例。在欧美人眼中，太阳从东边升起，寓示朝气蓬勃。东边按照他们的理解就是右侧。而日落西山，因而西边是不吉利的。英文有一句话：“伸出吉利的那只脚！”就是指右脚。因此在西方国家或英美文化来讲，走路是要先伸右腿的。看看英文“right”这个词的用法就可以知道西方文化对“右”的青睐了。“Right”除了译为“右，右边”之外，最常用的意思则为“适当的，对的，正确的”。在英语里有“right this way”的说法，中文意思为：“这边请。”并且英美人在为客人引路的时候，都是抬起右手以示方向。因而在西餐中都会安排第一主宾坐在主人右侧表示尊敬。为实现与国际的接轨，中式宴会也就只好“以右为尊”了。

任务二　西餐宴会服务

任务目标

知识目标:了解西餐宴会服务方式;熟悉西餐宴会的准备工作;掌握西餐宴会服务的程序与标准。

能力目标:能利用跨文化知识给客人提供有针对性的西餐宴会服务;具有良好的组织协调能力和创新能力。

素质目标:培养细心、周密、热情的服务意识,团结、协作、宽容的合作意识,灵活、克制、诚信的职业意识,具备良好的社会适应能力和人际关系处理能力。

思政融合点:职业精神(培育职业道德、劳动精神、工匠精神、劳模精神等);思维方式(跨文化比较,培育战略思维、创新思维、系统思维)。

案例导入

某西餐厅里来了一位贵客,前菜点了生牡蛎。一般来说,生牡蛎配CHABLIS(夏布利白葡萄酒)是大家都知道的,于是,服务员拿来了一瓶上好的CHABLIS。这从服务常识上来说没有什么问题,但是从侍酒的角度考虑,生牡蛎虽然适合CHABLIS,可高级CHABLIS的洋梨、菠萝等香味,会使新鲜的牡蛎变得腥臭难咽。服务员向客人提议,生牡蛎用黄油或橄榄油做熟,配以稍微浓厚一点的酱汁,于是一场矛盾迎刃而解。

[**案例思考**]

关于西餐酒水与菜肴的搭配你了解多少?

[**案例评析**]

西餐讲究菜点与酒水的搭配,有"上什么菜、饮什么酒"的习惯,规律是"白肉配白酒,红肉配红酒"。较清淡的鸡肉、海鲜,配饮淡雅的白葡萄酒;厚重的牛肉、羊肉,配饮浓郁的红葡萄酒。同时,酒水与菜点搭配后,酒水的味道不能影响菜点原有的口味。

西餐宴会的特点及流程

任务实施

一、西餐宴会服务方式

西餐除在烹饪方式、口味上有所不同以外，还在服务方式上有所区别。了解不同西餐宴会服务方式及他们各自的特点，可以提供更地道、更完美的西餐服务。西餐宴会服务方式大致可分为英式、法式、美式、俄式、综合式服务五种。

表 4-16　西餐宴会服务方式

服务方式	服务特点	优点、缺点
英式服务 （家庭式服务） (British service)	私人宴请 主人服务 客人调味	优点：家庭的气氛很浓。 缺点：用餐的节奏较缓慢。
法式服务 （餐车式服务） （手推车服务） (French service)	彰显豪华 桌前烹饪 方法各异 双人服务 酒水专司	优点：注重服务程序和礼貌礼节，讲究服务员现场制作表演，服务周到，每位顾客都能得到充分照顾。 缺点：投资大，费用高；培训费用和人工成本较高；空间利用率较低；座位周转率低。
美式服务 （盘式服务） (American service)	各客装盘 快捷方便 右上右撤	优点：服务简单，快速；对服务的技术要求相对较低，节约人工成本。 缺点：顾客得到的个人服务较少，餐厅还常常显得忙碌和欠宁静。
俄式服务 （银盘服务） （大盘服务） (Russian service)	银盘服务 一人服务 两次分菜	优点：服务方式简单快速；效率和餐厅空间的利用率都比较高。 缺点：餐具投资比较大。
综合式服务 （大陆式服务） (Continental service)	灵活服务	可以根据不同的餐厅或不同的餐次选用不同服务方式进行组合。

(一) 英式服务(British service)

英式服务所采用的服务方法是：服务员从厨房拿出已盛好菜肴食品的大盘和加热过的空餐盘，放在坐在宴席首席的男主人面前，必要时由男主人亲自动手切开肉菜，并把肉菜配上蔬菜分夹到一个个空的餐盘里，并由男主人将分好的菜盘送给站在他左边的服务员，再由服务员分送给女主人、主宾和其他客人。英式服务的特点是讲究气氛，节省人工。但服务节奏较慢，在大众化的餐厅里不太适用。英式服务又称家庭式服务，其特点是：

(1) 私人宴请。起源于英国维多利亚时代的家庭宴请，是一种非正式的、由主人在服务员的协助下完成的特殊宴席服务方式，在私人宴请中采用较多。宴会气氛活泼，客人感到随意，节省人力，但家长式味道太浓，节奏较慢，客人得到的周到服务较少。

（2）主人服务。由男主人负责肉类主菜、汤菜的切分及饮料酒水的调制，女主人负责蔬菜、其他配菜与甜点的分配及装饰，然后分到客人盆中，交给站在左边的服务员分送给客人。服务员充当主人助手的角色，先将加过温的空餐盘及在厨房已装好菜肴的大盘，放在男主人面前，然后负责传菜、清理餐台，如撤盘，更换公用叉、勺等服务。

（3）客人调味。各种调味汁和配菜摆放在餐桌上，由客人自取并相互传递。客人像参加家宴一样，取到菜后自行进餐。

（二）法式服务（French service）

法式服务又称餐车服务、手推车服务，常用于高档西餐零点用餐，源于欧洲贵族家庭与王室的贵族宴会服务，这类宴会有环境幽雅、设施豪华、讲究礼仪、服务周到、节奏较慢、费用昂贵等特点。法式服务的摆台严格按客人所点的菜肴配备餐具，吃什么菜肴用什么餐具。餐具全部铺在餐桌上，左叉右刀，勺与点心叉、勺放在上面，按上菜的顺序从上到下、从外到内地摆放，有几道菜点，就上多少套餐具。能让宾客享受到精致的菜肴，优雅浪漫的情调和欣赏表演式尽善尽美的服务。操作程序除了面包、黄油、配菜外，其他菜肴服务与斟酒或上饮料一律用右手从客人的右侧送上并从右侧收撤。调味汁和配料可从客人左侧进行（但上鲜胡椒必须从客人右侧进行），并要说明调味汁和配料的名称，询问客人调味料放在盘中的位置。法式服务具体特点有如下：

（1）桌前烹饪。菜肴在厨房进行半加工后，用银盘端出，置于带有加热装置的餐车上，由服务员当着客人的面进行分切、焰烧、去骨、加调味品及装饰等，完成烹制过程，使客人欣赏到服务员出色的操作表演。

（2）方法各异。每道菜的加工方法不同，如头道菜的冷菜是在现场加调料，搅拌后分到每个餐盆中，一起派给客人；主菜是在厨房加工后在现场进行分割给客人的；甜品是加工成半成品后，在客人面前进行最后加工完成的。

（3）双人服务。首席服务员主要负责“桌前烹饪”，助理服务员负责传菜、上菜、收撤及协助首席服务员等任务。员工技艺精湛，受过严格的专业训练；着装规范，穿标准的小燕尾服套装，并佩戴白手套。

（4）酒水专司。有专职酒水服务员，使用酒水服务车，按开胃酒、佐餐酒、餐后酒的顺序依次为客人提供酒水服务。

法式服务的缺点是员工能服务的客人较少，服务区域较大，所以投资大、费用高；专业要求高，培训费用和人工成本较高，服务进程很费时间，所以空间利用率和座位周转率较低。

（三）美式服务（American service）

美式服务又称“盘式服务”，是由英式服务派生的，兴起于19世纪初，与法式服务、英式服务和俄式服务相比较，是一种比较随意和较少讲究的服务方式，是目前西餐厅、咖啡厅中采用最多，也是最有效的服务方式之一，特别适合于大型宴会。

（1）各客装盘。厨师根据订单制作菜肴，菜食在厨房内装盆分成每人份，由服务员直接端盘(可采用三盘端盘技巧)送进餐厅。如是小型家庭式宴会,主菜的量上得较少,厨房装盆后多余的主菜,另装在一个大盆中,放在色拉台上让客人吃完后自由添加。色拉由客人在专门色拉台上自由选取。

(2) 快捷方便。不需要做献菜、分菜的服务,服务快速、方便,易于操作,不太拘泥于形式,同时可服务多人。服务简单,容易学习,不需要熟练的员工,不需要昂贵的设备,人工成本低,一名服务员可为数张餐台客人服务。

(3) 右上右撤。原来遵循菜品左上右撤、酒水右上右撤原则,为避免在客人两侧服务过多而打扰客人,现全改为右上右撤服务。

美式服务的缺点是顾客得到的个人服务较少,餐厅还常常显得忙碌和欠安静。

(四) 俄式服务(Russian service)

俄式服务起源于俄罗斯的贵族与沙皇宫廷,很多方面与法式服务有相似之处,同样非常正规,讲究礼仪,风格典雅,客人能获得相当周到的服务。俄式服务亦是一种豪华的服务,是世界上较好的酒店中最受欢迎的餐厅服务方式之一。俄式服务在服务过程中采用大量银质餐具,因而也被称为“银盘服务”或“大盘服务”。摆台上与法式服务相似,但在服务方式上则有所不同。具体特点如下:

(1) 银盘服务。菜肴在厨房烹制好,美观地放入大银盘内并加以装饰,由服务员送到餐厅。服务员左手垫餐巾托起大银盘,右臂下垂,呈优雅姿势进入餐厅。

(2) 一人服务。服务员放低左手托盘,向宾客展示菜肴,同时报出菜肴名称。随后右手拿叉、勺,站在客人的左边,先女宾,后男宾,最后是主人,依次为客人分派。斟酒、上饮料和撤盘则都在客人右侧操作。服务台应有保温设备,热菜上热盘,冷菜上冷盘。

(3) 两次分菜。第一次分菜保证每位客人的菜肴基本相同,保持盘内剩余菜肴的美观;第二次分菜只给需要添加的客人。两次分派完成后,盘内只能剩下少许菜肴,并及时送出宴会厅。俄式服务的缺点是银质餐具投资较大,服务速度较慢。

(五) 大陆式服务(Continental service)

大陆式服务综合了英式、法式、俄式、美式服务方式,常用于西式宴会服务。在服务过程中,根据菜肴特点选择相应的服务方式。如头盘用美式服务,主菜用俄式服务,甜点用法式服务等等,但应符合既方便客人就餐,又方便员工操作,也便于餐厅管理的原则。

二、西餐宴会服务程序与标准

（一）西餐宴会服务程序与标准

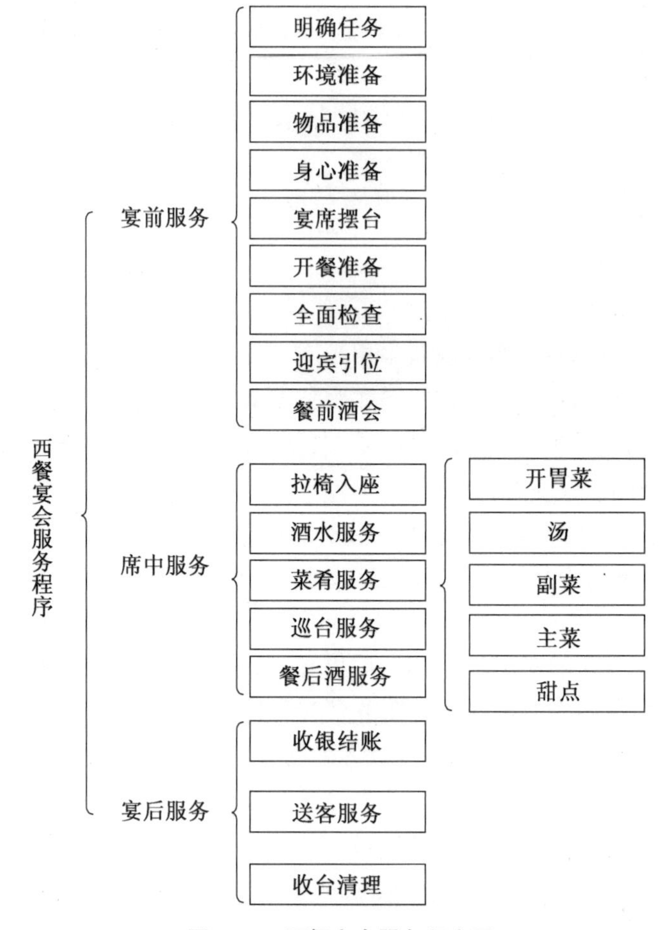

图 4－2 西餐宴会服务程序图

（二）宴前服务

表 4－17 西餐宴会宴前服务程序与标准

程序	标准
明确任务	熟悉宴会菜单、烹调方法、时间、调味配料，明确任务分工，责任到人。
环境准备	掌握宴会情况，进行环境场地布置，摆放好台型。
物品准备	备好服务用具、餐具、酒水、食品，多备 1/5。
身心准备	召开餐前例会，给员工身心教育，注重仪容仪表和形体。
宴席摆台	按照宴会规格和标准摆台。

(续表)

程序	标准
开餐准备	一般在宴会开始前10分钟上齐开胃菜;开宴前5分钟上面包篮和黄油。
全面检查	清洁卫生、环境布置、席面布置、物品准备、服务员仪容仪表。
迎宾引位	开宴前15分钟,迎宾员和服务员规范站姿,面带微笑热情迎客,将客人指引到相应位置。
餐前酒会	开餐前30分钟开餐前鸡尾酒会,服务员送上餐前鸡尾酒和软饮料等供客人选用。

(三)席中服务

表4-18 席中服务程序

程序	标准
拉椅入座	按照女士优先、先宾后主顺序拉椅。
酒水服务	餐前酒、佐餐酒、餐后酒。
菜肴服务	菜肴上菜顺序、上菜原则。
巡台服务	巡视台面,及时发现客人就餐过程中需要的服务,细心观察客人表情及示意动作,主动服务。
餐后酒服务	准备酒水车;推荐酒水;斟酒。

1. 酒水服务

宾客入座后,服务员应主动询问客人需要何种酒水。如客人一时间难以决定,服务员应主动向客人介绍酒水及饮料。为客人推荐酒水时,要根据客人的国籍、民族、性别而定,尊重客人的饮食习惯,礼貌用语,不能强迫客人接受。同时,服务员应清楚记录每位客人所点酒水,避免斟错酒。

(1) 酒水类别

西餐宴会酒水主要包括餐前酒、佐餐酒、餐后酒。

首先是餐前酒。餐前酒是指通常作为餐前饮用的酒精饮料,以葡萄酒或蒸馏酒为原料加入植物的根、茎、叶、药材、香料等配制而成,可以刺激食欲,因此也称作"开胃酒",与餐后饮用旨在消化食物的餐后酒形成对应。传统的开胃酒品种大多是味美思(Vermouth)、雪利酒(Sherry)等。

① 味美思酒。味美思酒以葡萄酒为酒基,加入植物及药材(如苦艾、龙胆草、白芷、紫苑、肉桂、豆蔻、鲜橙皮)等浸制而成。最为著名的是法国和意大利的味美思。味美思按含糖量可分为"干、半干、甜"三种,按色泽有红、白,明黄或浅黄色之分;甜味美思呈红色或玫瑰红色。

② 雪利酒。雪利酒是一种酒精含量高的葡萄酒,具有浓郁的香气,而且越陈越香,其极辣、辣、中辣、甜辣味道以及配制方法和酿造期的长短,可分为各种类型。饮用雪利酒一般要提供雪利酒杯。

接着是佐餐酒。西餐讲究酒水与菜肴的搭配:葡萄酒是西餐最传统、最常用的佐餐酒,一般原则是“白酒配白肉，红酒配红肉”，即鱼、虾、蟹、鸡肉等浅色的肉类食物通常搭配白葡萄酒，而猪、牛、羊肉等颜色较深的食物通常配红葡萄酒。香槟酒的味道醇美，适合任何时刻饮用，配任何食物都可以。西餐的惯例是，上佐餐酒的时间应先于所搭配的菜肴。

最后是餐后酒。餐后酒是餐后饮用的酒精饮料，用来帮助消化食物。餐后酒通常直接饮用，主要有白兰地（Brandy）、利口酒（Ligueur）、威士忌（Whiskey）等。服务餐后酒前，服务员应将餐台整理干净。

（2）酒水服务程序与步骤

酒水服务是西餐宴会服务中非常重要的一项服务内容，西餐中服务的酒水主要是葡萄酒，具体服务包括酒温处理、示酒、开瓶、鉴酒、醒酒、斟酒等，酒水服务程序与步骤如下：

① 酒温处理

表 4－19　酒水降温处理程序与步骤

服务程序	工作步骤
准备	准备好降温酒品及需要的冰桶，并用冰桶架放在餐桌的一侧。
降温	（1）冰块冰镇：冰桶中放入 2/3 的冰块，冰块不宜过大或过碎，然后加少许冷水，将酒瓶插入冰块中约 10 分钟，即可达到冰镇效果。如客人有特殊要求，可按客人要求延长或缩短时间。 （2）溜杯：服务员手持酒杯下部，杯中放入冰块，摇转杯子，使冰块产生离心力在杯壁上溜滑，以降低杯子的温度，并对杯具进行降温处理。 （3）用冰箱冷藏酒品。

表 4－20　酒水升温处理程序与步骤

服务程序	工作步骤
准备	准备暖桶、酒壶和酒品，并用暖桶架架放在餐桌的一侧。
加温	（1）水烫：在暖桶中倒入开水，将酒倒入烫酒器，然后放在暖桶中升温。 （2）冲泡：指将热的酒液或饮料倒入冷的酒液或饮料中。 （3）火烤：先将酒液倒入耐热器皿中，再把器皿连同酒液一起在火上烤热。 （4）燃烧：先将酒液（烈性酒）倒入酒杯中再用火柴或打火机点燃。

【知识链接】

表 4－21　不同酒水最佳饮用温度

酒品	最佳饮用温度
白酒	中国白酒：冬天喝白酒应用热水“烫”至 20 ℃～25 ℃为佳，去除酒中的寒气。但名贵的酒品如茅台、五粮液、汾酒等一般不烫，保持其原“气”。外国白酒：根据客人要求可加冰块，其余是室温下净饮。
黄酒、清酒	最佳品尝温度在 38 ℃左右，这样喝起来更有独特滋味，需要温烫。
啤酒、软饮料	啤酒最佳饮用温度是 8 ℃～10 ℃，夏天饮用可稍微冰镇一下，但不能镇得太凉；因啤酒中含有丰富的蛋白质，在 4 ℃以下会结成沉淀，影响感观。

（续表）

酒品	最佳饮用温度
白葡萄酒	干型、半干型白葡萄酒的芬芳香味比红葡萄酒容易挥发，在饮用时才可开瓶。最佳饮用温度为8 ℃～12 ℃。除冬天外，白葡萄酒都应冰镇饮用，最好采用冰块冰镇。
红葡萄酒	桃红酒和轻型红葡萄酒一般不冰镇，饮用温度在10 ℃～14 ℃，鞣酸含量低的红葡萄酒15 ℃～16 ℃，鞣酸含量高的红葡萄酒16 ℃～18 ℃。服务前先放在餐室内，使其温度与室内温度相同。服务时打开瓶盖，放在桌上，使其酒香洋溢于室内。但在30 ℃以上的天气，要使酒降温至18 ℃左右为宜。
香槟酒	香槟酒、利口酒和有汽葡萄酒饮用温度为6 ℃～9 ℃，为了使香槟酒内的气泡明亮闪烁时间久一些，要把香槟酒瓶放在碎冰内冰镇后再开瓶饮用。

② 示酒

表4－22　示酒步骤

服务程序	工作步骤
准备	准备好一块干净的餐巾，擦拭好瓶身。
示酒	服务员要站在点酒宾客的右侧，左手托瓶底，右手扶瓶颈，酒标朝向宾客，让宾客辨认商标、品种。

③ 开瓶

表4－23　开瓶步骤

服务程序	工作步骤
准备	备好酒钻、毛巾。
开瓶	开瓶时，要尽量减少瓶体的晃动。将瓶放在桌上开启，动作要准确、敏捷、果断。开启软木塞时，万一软木塞有断裂迹象，可将酒瓶倒置，利用内部酒液的压力顶住木塞，然后再旋转酒钻。开拔瓶塞越轻越好，防止发出突爆声。
检查	拔出瓶塞后需检查瓶中酒是否有质量问题，检查的方法主要是嗅辨瓶塞插入瓶内的那部分。
擦瓶	开启瓶塞以后，用干净的餐巾仔细擦拭瓶口，香槟酒要擦干瓶身。 擦拭时，注意不要让瓶口积垢落入酒中。
摆放	开启的酒瓶、酒罐可以留在宾客的餐桌上。使用暖桶的加温酒水和使用冰桶的冰镇酒水要放在桶架上，摆在餐桌的一侧。用酒篮盛放的酒连同篮子一起放在餐桌上。随时将空瓶、空罐从餐桌上撤下。
注意事项	开瓶后的封皮、木塞、盖子等杂物，可放在小盘子里，操作完毕一起带走，不要留在餐桌上。开启带汽或者冷藏过的酒罐封口时，常有水汽喷射出来，因此在宾客面前开启时，应将开口对着自己，并用手挡遮，以示礼貌。 开香槟酒的方法。香槟酒的瓶塞大部分压进瓶口，有一段帽形物露出瓶外，并用铁丝绕扎固定。开瓶时，在瓶上盖一条餐巾，左手斜拿酒瓶，大拇指紧压塞顶，用右手挪开铁丝，然后握住塞子的帽形物，轻轻转动上拔，靠瓶内的压力和手的力量将瓶塞拔出来。操作时，应尽量避免发生响声，尽量避免晃动，以防酒液溢出。

④ 鉴酒

表 4－24　酒水品鉴步骤

服务程序	工作步骤
准备	准备好一瓶开好的葡萄酒。
鉴酒	在主人杯中倒入少许葡萄酒(1/5)，让其品鉴，检验酒的质量，在主人认可后再给客人斟酒。使用敬语“请您鉴酒”，声音轻柔、清晰。

⑤ 醒酒

表 4－25　酒水醒酒步骤

服务程序	工作步骤
准备	醒酒用具
醒酒	① 恢复酒瓶直立，至少将酒瓶竖立 30 分钟以上，使酒中的杂质充分沉淀到瓶底； ② 醒酒用具准备，最完整的一套传统醒酒器包括空瓶醒酒器、漏斗、蜡烛和滤纸； ③ 细心开瓶，开瓶时切忌摇晃或转动酒瓶，透过光源处，确认瓶底沉淀物未扩散； ④ 换瓶，左手持醒酒器，右手握酒瓶，慢慢地将酒注入有过滤装置的醒酒器，透过光源注意混沌沉淀物未倒入醒酒器中，并把空瓶放在客人面前； ⑤ 醒酒时间控制，一般红酒需提前 2 个小时醒酒；餐厅常规醒酒 20 分钟左右。

葡萄酒醒酒方法

⑥ 斟酒

表 4－26　斟酒步骤

服务程序	工作步骤
准备	站在客人右边按女士优先，先宾后主的次序斟倒，不能站在一个位置为左右两位宾客斟酒。斟倒前，左手拿一条干净的餐巾将瓶口擦干净，右手握住酒瓶的下半部，将酒瓶上的商标朝外显示给客人确认。
斟酒	斟倒时，服务员侧身站在客人的右侧，上身微前倾，重心放在右脚上，左脚跟稍微抬起，右手五指铺开，握住酒瓶下部，食指伸直按住瓶壁，指尖指向瓶口，将右手臂伸出，右手腕下压，瓶口距杯口 2 厘米左右时斟倒，掌握好酒瓶的倾斜度并控制好速度，瓶口不能碰到杯口。 斟倒完毕，将瓶口稍稍抬高，顺时针 45 度旋转，提瓶，再用左手的餐巾将残留在瓶口的酒液拭去。

【知识链接】

斟酒方式与姿势示意图

斟酒的方式与姿势

表 4－27　斟酒方式

斟酒方式	标准	图示
托盘斟酒	即服务员将顾客选定的酒水、饮料放于托盘内，左手端托，右手根据顾客的需要取送酒水依次进行斟倒的一种方法。	
徒手斟酒	即服务员左手持布巾，右手握酒瓶，将顾客选定的酒水依次斟入客人的杯中，然后用左手布巾将瓶口擦拭干净的一种斟酒方法。	
酒篮斟酒	多用于西餐中的红酒斟酒服务，即将红酒仰面放入酒篮中，商标向上，左手腕挂折成长条形的餐巾，左手臂横于胸前呈 90 度角，右手指张开约于酒瓶的中下部并抓住酒篮两侧，从宾客的右手边依次进行斟酒操作，动作轻巧，减少酒篮的晃动。	

表 4－28　斟酒姿势

斟酒姿势	标准	图示
桌斟	服务员站在宾客的右边，侧身用右手握酒瓶向杯中倾倒酒水，服务员站在宾客的右边，侧身用右手握酒瓶向杯中倾倒酒水，瓶口与杯沿需保持一定的距离。	

（续表）

斟酒姿势	标准	图示
捧斟	餐厅服务员站在客人右后侧，右手握瓶，左手将客人酒杯握在手中，向杯中斟满酒后绕向客人左侧，再将装有酒水的酒杯放回原来位置。	

（3）餐后酒服务

表 4－29　餐后酒服务程序与步骤

服务程序	工作步骤
准备	① 检查酒车上酒和酒杯是否齐备。 ② 将酒和酒杯从车上取下，清洁车辆，在车的各层铺垫上干净的餐巾。 ③ 清洁酒杯和酒瓶的表面、瓶口和瓶盖，确保无尘迹、无指印。 ④ 将酒瓶分类整齐摆放在酒车的第一层，酒标朝向一致；将酒杯放在酒车第二层；将加热白兰地酒用的酒精炉放在酒车的第三层。 ⑤ 将酒车推至餐厅明显的位置。
服务	① 酒水员必须熟悉酒车上各种酒的名称、产地、酿造和饮用方法。 ② 当服务员为客人服务完咖啡和茶后，酒水员将酒车轻推至客人桌前，酒标朝向客人，建议客人品尝甜酒。 ③ 积极向客人推销。对于不了解甜酒的客人，向他们讲解有关知识，推销名牌酒；给客人留有选择的余地，根据客人的国籍，给予相应的建议；向男士推销较烈的酒类，向女士建议柔和的酒。 ④ 斟酒时用右手在客人的右侧服务。 ⑤ 不同的酒类使用不同的酒杯。

【知识链接】

不同酒水使用不同酒杯

各种专用酒杯会使客人感到餐厅的专业和有针对性的服务，当然应与餐厅的档次相符。如啤酒杯的容量大、杯壁厚，可较好地保持冰镇效果。葡萄酒杯做成郁金香花型，当酒斟至杯中面积最大处时，可使酒与空气保持充分接触，让酒的香醇味道更好地挥发。烈性酒杯容量较小，玲珑精致，使人感到杯中酒的名贵与纯正。如表 4－30 所示。

西餐宴会各类杯具图

表 4－30　西餐宴会各类杯具容量、斟酒量及其用法

酒类	杯具及名称	杯具容量	使用说明
烈酒类	净饮杯	1～2 盎司	用来盛酒精含量高的烈酒类，斟酒量为 1/3 杯。
威士忌	古典杯、矮脚古典杯	2 盎司	杯粗矮而有稳定感；斟威士忌酒、伏特加、朗姆酒、金酒时常加冰块。斟酒量为 1/3 杯。
饮料(果汁)	水杯、哥士连杯、森比杯、库勒杯、海波杯	8～16 盎司	要采用新鲜、质量较好的水果现场制作使用。用来盛各类果汁、冰水、软饮料或长饮类混合饮料。斟水(果汁)量为 4/5 杯。
啤酒	皮尔森杯、啤酒杯、暴风杯	10 盎司	用来盛瓶装啤酒，它们独特的形状使人们斟酒较为容易和方便。带柄的啤酒杯又叫扎啤酒杯，用来盛大桶装啤酒。斟酒量为 4/5 杯。
白兰地	白兰地杯（矮肚杯、拿破仑杯）	1 盎司	不能加冰块冰镇。杯形肚大脚短，使用时以手托杯，让手温传入杯中使酒微温，以便酒香散发。一次倒酒不宜太多，斟酒量为 1/5 杯。
香槟酒	马格利特杯、郁金香杯、浅碟香槟酒杯、笛形香槟酒杯	5～6 盎司	冰桶冰镇后饮用。马格利特杯、浅碟香槟酒杯便于客人碰杯；笛形香槟酒杯、郁金香杯能看到香槟酒冒气泡的情形。斟香槟酒时分两次进行，先向杯中倒 1/3，待泡沫退去后再续倒至杯的 2/3 处。
鸡尾酒	三角形、梯形鸡尾酒杯	2～3 盎司	鸡尾酒必须严格按照配方与调制方法来制作，现调现用。酒杯高脚，以避免手温传到酒杯影响酒的口感。斟酒量为 2/3 杯到 4/5 杯。
利口酒、雪利酒	利口酒杯	3～4 盎司	用来盛餐后饮用的甜酒或喝汤时配的雪利酒。斟酒量为 2/3 杯。
酸酒	酸酒杯	4～6 盎司	杯口窄小而身长，杯壁为圆桶形，专用来盛餐后饮用的酸酒。斟酒量为 2/3 杯。
葡萄酒	红葡萄酒杯、白葡萄酒杯	4～5 盎司	红葡萄酒杯比白葡萄酒杯大。红葡萄酒杯斟酒量为 1/2 杯，白葡萄酒杯斟酒量为 2/3 杯。
咖啡	咖啡杯	每杯标准 11 克	冲煮咖啡浓淡要适宜，冲泡时间要尽可能短。每杯标准 11 g，温度应在 90 ℃～93 ℃，煮好后应使用陶瓷的咖啡杯来装，并马上给客人送去。
茶	茶具、茶杯		泡茶茶具在使用之前要洗净、擦干；茶叶冲泡时 7～8 分满即可；当杯中水已去半或 2/3 时要给客人添茶水；服务员看到客人将茶壶盖半搁在茶壶上时，应及时向茶壶内加热开水。

2. 菜肴服务

(1) 菜肴服务程序与标准

表 4－31 西餐宴会主要菜肴服务程序与标准

菜肴	程序与标准
开胃菜	① 将开胃菜放在客人面前的装饰盘里。 ② 开胃菜上好后,需要依次向客人请示所需的配料,根据客人需要提供配料。 ③ 客人吃完开胃菜,根据客人刀、叉所放位置,先请示客人是否可以撤碟,客人表示可撤时,撤走盘碟。 ④ 撤碟要待整台宴席上的客人全部吃完后才可以一起撤走。
汤	将汤杯(盅)放在汤底碟上,汤底碟面上要放上餐花纸装饰垫底。客人饮完汤后,按撤头盘的程序和方式连同装饰碟一起撤走。
副菜	① 副菜一般是中等分量的鱼类、海鲜。上好海鲜或鱼类后请示客人是否需要跟胡椒或芥辣。 ② 客人吃完中盘,根据客人刀、叉所放位置,先请示客人是否可以撤碟,客人表示可撤时,撤走中盘碟。 ③ 撤碟要待整台宴席上的客人全部吃完后才可以一起撤走。
主菜	① 主菜如果是扒类,上之前应事先逐位请示客人,对扒制品生熟程度的意见。 ② 根据每位客人的需要通知厨房按客人的要求进行扒制。 ③ 给客人上扒时要告诉客人几成熟,千万不能上错。 ④ 上扒的同时,要请示客人需不需要胡椒粉、芥辣等,根据客人需要提供佐料。 ⑤ 待所有客人吃完成扒后,根据客人刀、叉摆放位置,先请示客人是否可撤碟,客人表示可撤时,再撤走盘碟。
甜点	① 客人吃完扒后一般上水果或甜点,水果的造型要美观。 ② 客人吃完甜品后,要先请示客人需要咖啡还是茶,根据每位客人的需要给客人送咖啡或茶。上咖啡或茶时要跟上方糖或糖粉和冻奶,糖和奶由客人自己取用。 ③ 最后一道小吃。小吃一般是曲奇饼干或巧克力。 ④ 以上三款食品饮品每上一道,就要将用过的餐具撤除。

(2) 菜肴服务原则

服务人员在提供菜肴服务时,必须严格遵守以下菜肴服务的规范:

① 先斟酒后上菜,任何一道需配酒类的菜肴,在上桌前均应先斟酒后再上菜。所有酒水饮料都从宾客右边,用右手斟倒。

② 上菜原则,所有菜肴上桌时均需遵循女士优先、先宾后主的原则,按顺时针方向依次进行。上菜一般是从客人右侧进行。

③ 先撤后上,我们说过西餐的就餐方式是,吃一道菜用一套餐具然后撤一套餐具。每道菜用完后需撤走用过的餐具后再上菜,注意撤盘前应先征询客人的许可。

[**注意事项**]

酒水服务注意事项:

① 为客人斟酒前要先征求客人意见,一般中国的汤和饮料斟入杯子的 4/5 为宜,斟

白酒和色酒时，应先斟色酒，后斟白酒，客人表示不需要某种酒时，应把空杯撤走，斟白兰地或威士忌时，只斟杯子的一至二分，客人需要冰块时，应及时提供冰夹。

② 斟酒水从主宾开始按顺时针方向，并遵循先主宾后主人，先女宾后男宾的原则逐位斟。

③ 如果宾主致词时，全体服务员应立即停止服务，保持场内安静，同时注意客人杯中是否有酒，当客人起立敬酒时，应迅速拿来酒瓶准备为客人添酒，如大型宴会主宾致词时，应用托盘备好一至二杯甜酒，在致词完毕需要敬酒时送上。

④ 当客人起立干杯或敬酒时，应帮助客人拉椅，客人就座时，再把椅子向前推，要注意客人的安全。

（五）宴后服务

表 4－32　宴后服务程序与标准

程序	标准
收银结账	宴会接近尾声时，服务人员应做好结账准备，清点所有宴会菜单以外的另行计费项目，如酒水、加菜等，并计入账单，宴会结束时，请主人或其助手结账。
送客服务	主人宣布宴会结束时，服务人员要提醒宾客注意携带随身物品。客人起身离座时，服务员要主动帮客人拉开椅子。客人离座后，服务员要立即检查是否有客人遗漏的物品，及时帮助客人取回寄存在衣帽间的衣物。
收台清理	宾客全部离座后，服务员应迅速分类清理餐具，整理台面。清理台面时，应依次按照餐巾、玻璃器皿、金银器、其他金属餐具的顺序分类清理，金银器等贵重物品应清点数量并妥善保管。完成台面清理后，服务员应将所有餐具、用具放回原位并摆放整齐，做好清洁卫生工作，恢复宴会厅原貌，保证下次宴会的顺利进行。

【知识链接】

表 4－33　中西宴会不同酒水上席顺序

中餐宴会不同酒水上席顺序	西餐宴会不同酒水上席顺序
先低后高（低度酒在前，高度酒在后）； 先软后硬（软性酒在前，硬性酒在后）； 先有后无（有汽酒在前，无汽酒在后）； 先常后贵（普通酒在前，名贵酒在后）； 先干后甜（干烈酒在前，干甜酒在后）； 先淡后醇（淡雅风格的酒在前，浓郁风格的酒在后）。	先白后红（先上白酒，后上红葡萄酒）； 先干后甜（先上干酒，后上甜酒）； 先新后陈（新酒在前，陈酒在后）； 先淡后醇（先上清淡型、味道单纯的酒，后上浓郁醇厚型、味道复杂的酒）； 先冰后温（先上冰过的酒，后上接近室温的酒）； 先短后长（先上酿造期短的酒，后上酿造期长的酒）； 先低后高（先上价格低的酒，后上价格高的酒）。
先无糖后有糖（不含糖分的饮料在前，含糖分的饮料在后）； 先无气后有气（无气的饮料在前，融入二氧化碳的有气的碳酸饮料在后）。	

接待特殊客人

(一) 对挑剔的客人

(1) 服务员的情绪不要因客人的挑剔而受影响。

(2) 对客人提出的问题,在酒店不受损失的前提下,尽量满足客人要求。

(3) 不可将自己的观点强加给客人。

(4) 与其他服务员协调,保持服务一致性。

(5) 将客人姓名和饮食特点建档,提供给其他同事。

(二) 年老和残疾人

(1) 协助此类客人坐在餐厅门口舒适的地方。

(2) 服务要礼貌、周到,随时满足客人的要求,对行动不便的客人要给予帮助。

(3) 在客人允许的范围内,帮助分切食物。

(三) 对儿童

(1) 准备儿童座椅,协助家长帮助儿童就座。

(2) 帮助儿童铺好口布,撤下儿童面前的餐具。

(3) 为儿童准备勺和翅碗。

(4) 服务饮料时不得使用高脚杯等玻璃器皿,需准备吸管。

(5) 家长看菜牌时,适情介绍和推荐适合儿童的食品。

(6) 随时为儿童更换干净口布,撤脏碟,帮助家长分切食物。

(7) 尽量多称赞儿童。

(四) 对赶时间客人

(1) 快速安排客人入座,递送菜单,询问客人就餐需要的时间。

(2) 订单,说明所订菜品需用的制作时间,极力推荐易加工的食品及饮料。

(3) 送单入厨房,向厨师长作特别说明。

(4) 服务员相互提醒,加快服务速度,缩短上菜时间,优先服务此类客人。

(5) 提前准备账单。

(五) 对单独就餐客人

(1) 尽量安排客人坐边角位置。

(2) 多与客人进行接触,服务过程中适当与客人沟通。

(3) 对常客要熟记客人饮食习惯,有意安排固定位置。

(4) 服务速度不宜过快或过慢。

任务总结

1. 法式宴会服务特点:桌前烹饪、方法各异、双人服务、酒水专司。

2. 俄式宴会服务特点：银盘服务、一人服务、两次分菜。

3. 英式宴会服务特点：私人宴请、主人服务、客人调味。

4. 美式宴会服务特点：各客装盘、快捷方便、右上右撤。

5. 西餐宴会宴前服务工作：明确任务、环境准备、物品准备、身心准备、宴席摆台、开餐准备、全面检查、迎宾引位、餐前酒会。

6. 西餐宴会席中服务工作包括拉椅入座、酒水服务、菜肴服务、巡台服务、餐后酒服务。

7. 西餐宴会酒水包括餐前酒、佐餐酒、餐后酒。

8. 酒水服务是西餐宴会服务中非常重要的一项服务内容，西餐中服务的酒水主要是葡萄酒，具体服务包括酒温处理、示酒、开瓶、鉴酒、醒酒、斟酒等。

9. 西餐宴会主要菜肴服务包括开胃菜、汤、副菜、主菜、甜点等服务。

10. 西餐宴会菜肴服务原则除了要遵守一定的上菜原则之外，还要遵守先斟酒后上菜、先撤后上的原则。

11. 西餐宴会宴后服务程序主要包括收银结账、送客服务、收台清理。

任务考核

1. 西餐宴会与中餐宴会在服务流程方面有何区别？

2. 你认为东方礼仪与西方礼仪的差异有哪些？作为一名餐饮从业人员，在跨文化交流中应当怎样做？

3. 某宾馆接待一个西餐宴会任务，参加对象是英国政府代表团一行 18 人。要求根据西餐宴会服务的要求，制订一份详细的宴会上菜、台面服务及酒水服务计划，并写明标准及要求。

拓展阅读

鸡尾酒调剂

鸡尾酒的起源

鸡尾酒起源于1776年纽约州埃尔姆斯福地区一家用鸡尾羽毛作装饰的酒馆。一天，当这家酒馆各种酒都快卖完的时候，一些军官走进来要买酒喝。一位叫贝特西·弗拉纳根的女侍者，便把所有剩酒倒在一个大容器里，并随手从一只大公鸡身上拔了一根毛把酒搅匀端出来奉客。军官们看看这酒的成色，品不出是什么酒的味道，就问贝特西，贝特西随口就答："这是鸡尾酒啊！"一位军官听了这个词，高兴地举杯祝酒，还喊了一声："鸡尾酒万岁！"从此便有了"鸡尾酒"的说法。这是在美洲被普遍认可的鸡尾酒的起源。

鸡尾酒会与冷餐酒会的不同之处

1. 冷餐酒会适用于会议用餐、团体用餐和各种大型活动，一般用餐时间在正午或晚上。鸡尾酒会适用于不同场合，从主题来看，多是会餐、庆祝、纪念、告别、开业典礼等，可以在任何时候举行。

2. 冷餐酒会一般有坐式和立式两种就餐形式，有全自助、半自助和VIP服务。鸡尾酒会一般不摆台不设座(只在墙边为年老者设少量桌椅)，客人站着自由地自助式用餐，菜肴一般放在食品桌上供客人自由选取食用。

3. 冷餐酒会的特点是规模大，布置华丽，场面壮观，气氛热烈，环境高雅。鸡尾酒会要显得简单随便多了，它不需要豪华设备，不必十分讲究背景环境和气氛，更不拘于礼节。

4. 冷餐酒会菜肴丰富，服务准备工作量大，宴会进行中服务较简单。鸡尾酒会以供应各种酒水饮料为主，食品提供的量相对来讲小得多。

5. 冷餐酒会对客人有一定的要求；鸡尾酒会则不拘形式，客人不分高低贵贱，可以迟到早退，着装可以自由一些。相对冷餐酒会而言，鸡尾酒会能招待更多的客人，不存在席次问题，宴会的主人不必为结束宴会而不好意思开口。

中餐与西餐的融合

每种餐饮食俗都是其民族文化的体现，带有一个民族历史和思维方式的很多痕迹和特征。正宗的西餐虽然没有中餐繁文缛节的礼仪，但即使最简单的西餐馆中的西餐都是各自分盘，吃得彬彬有礼，没有中餐馆中的划拳行令。西餐的引入，无论是原料选取、烹调方法，还是就餐形式，都催发了中西饮食文化的冲突和交融。

首先，在原料的选择及应用上。尽管西餐的原料使用范围、种类没有中餐那样广泛、庞杂，但用料较精，选料加工较细，比较专业化，如肉类按部位分档取料。蔬菜种植控制得较鲜嫩而又多样化，检测标准极高，这一点中餐也逐渐在学习和应用。现在中餐大量借鉴和使用西餐原料，肉类原料已普遍采用了牛柳、鸡胸肉、新西兰羊排、日本神户牛肉、美国牛仔骨等，其做法集中西餐技法之精华，中西合璧，相得益彰，如炭烧牛柳、虾酱牛仔骨等；鱼类原料有三文鱼、银鳕鱼、吞拿鱼、鱼子、冰鲜鱼柳、带子肉等；水果原料有榴莲、奇异果、车厘子、草莓、夏威夷木瓜、新奇士橙、牛油果、泰国龙眼等；其他的原料有鹅肝、芝士、芦笋尖等。这些都逐渐被中餐广泛采用，用以开发新菜式。

其次，在烹饪方法上。近代西餐的舶来，极大地丰富了中国人的饮食文化，如啤酒、汽水、奶茶、蛋糕等西式快餐，渐渐进入了中国人的生活，品尝了西餐后的中国文化人也开始思考中西饮食和饮食习惯的差异，如上海著名学者孙宝瑄在光绪二十三年(1897年)二月二十四日的日记中在比较了中西饮食后也认为："西人饮食最不苛，常以养身为主，与中国《周礼》食医之制暗合焉。"这种认为西餐与古代中餐相合之见解，表现在实践中是西餐引入后即开始了一个中国化的过程，形成所谓"华人大菜"。因为中国人的口味毕竟和西方人不同，要想在中国立足，西餐必然要进行一番中国化的改造。当年曹聚仁就指出："一品香的大菜，等于中菜西吃，这才有点菜吃，下得肚子，煎牛排就不会那么血淋淋，望之生畏了。"

"西餐中吃"和"中菜西吃"，实际上采用的是中西合璧的烹调法，如"铁板牛肉""华洋里脊""西法大虾""西洋鸭肝"等。经过改造，渐渐出现了具有各种中国地方特色的西菜，如广东大菜、宁波大菜、上海大菜等。那些厨师把传统粤菜食味讲究清、鲜、嫩、爽、滑、香和煎、炸、泡、浸、炒、炖等烹饪方法，与英国菜系的烹饪方法结合起来，这些粤菜馆在当时的福州非常出名，如“广复楼”“广资楼”，以及“广裕”“广宜”“广升”等。在上海的西餐馆除“广东大菜”外，较出名的还有“宁波大菜”和“上海大菜”。宁波大菜的烹制方法最合上海人的口味，其菜肴以海鲜居多，品味重咸、鲜咸合一，烹调讲究鲜嫩软滑。上海蕾茜西菜社还因推出了融合中国菜肴的特点创制的“上海西菜”而闻名一时。

最后，在就餐形式上。西餐分食制和自助式则同样体现了个体为本位的精神，既卫生节俭，又鼓励彼此之间的宽容与感情交流。分餐制影响了中餐，也逐渐改变了传统的“围餐制”饮食心理与习惯，有益于身体健康，具实用性及服务的艺术性、创新性，体现了适度节俭、合理饮食的理念，克服了中餐讲究排场、铺张浪费的缺点。分餐制在中餐中的不断推广，实质上最重要的是体现了人们对健康、卫生的最终要求。因此，近年来中餐开始实行“公筷食法”，不断研究探讨并推出了“位上”的出餐做法，同时也提高了出品的档次。

项目综合考核

1. 考核内容

借鉴世界技能大赛餐厅服务项目竞赛标准，参照国内部分省份选拔赛餐厅服务项目及中国餐厅服务改革赛项等相关赛项参赛标准，分小组模拟餐厅服务项目。

2. 考核方式

本次考核以小组为单位，组成团队，每队选择 2 名选手，其中 1 位选手完成中餐宴会服务分项内容；另 1 位选手完成西餐宴会服务分项内容。

3. 评价方法

本项目考核采用综合评价方法，评价分值及标准如下：

表 4－34　综合考核评价表

小组成绩	小组自评(30%)	小组互评(30%)	教师评价(40%)	合计
中餐宴会服务(50%)				
西餐宴会服务(50%)				
合计				

具体评分标准：

表4-35　中餐宴会服务评价表

评价项目	评价标准	评价分值	评分
仪容仪表	工作服、鞋袜等干净、整洁，发式、妆束符合行业标准；仪态良好，礼貌礼节规范。	10	
宴会摆台	餐用具摆放标准统一，操作规范；台布、口布、餐具干净、无破损；操作程序合理，物品摆放规范一致；操作流畅、熟练、安全、卫生。	20	
果盘制作	操作流程安全、卫生，全程手不直接接触水果；无浪费；分量合适，果块大小合适；果盘装盘有设计。	10	
餐前服务	工作台准备规范、整洁、卫生；餐器具干净，种类和数量正确；餐前服务内容完整、规范；酒水点单正确，记录完整。	10	
酒水服务	酒水服务内容正确；斟酒程序、方法正确；酒水分量符合标准，不滴洒。	10	
菜品服务	正确报菜名，介绍菜品；分菜方式正确，操作规范、安全、卫生，无滴洒；菜肴分量均衡；操作台面整洁。	10	
餐后服务	征询客人意见，规范送客；正确清理台面，做好收残复位工作。	10	
语言交流	全程使用普通话，语言熟练、流畅、清晰、规范，符合行业要求。对客交流能力强，服务自然得体。	10	
团队协作	团队成员分工明确，沟通畅通，配合默契，整体良好。	10	
合计		**100**	

表4-36　西餐宴会服务评价表

评价项目	评价标准	评价分值	评分
仪容仪表	工作服、鞋袜等干净、整洁，发式、妆束符合行业标准；仪态良好，礼貌礼节规范。	10	
宴会摆台	餐用具摆放标准统一，操作规范；台布、口布、餐具干净、无破损；操作程序合理，物品摆放规范一致；操作流畅、熟练、安全、卫生。	20	
餐前服务	工作台准备规范、整洁、卫生；餐器具干净、种类和数量正确；餐前服务内容完整、规范；酒水点单正确，记录完整。	10	
酒水服务	正确提供红葡萄酒示酒、鉴酒服务；开瓶方法正确；酒水服务内容正确；斟酒程序、方法正确；酒水分量符合标准，不滴洒。	10	
菜品服务	餐具与菜肴搭配准确，调整及时；菜肴提供与点单内容相符；菜肴服务方式、顺序正确；正确提供咖啡、茶服务。	20	
餐后服务	征询客人意见，规范送客；正确清理台面，做好收残复位工作。	10	
语言交流	全程使用英语，语言熟练、流畅、清晰、规范，符合行业要求。对客交流能力强，服务自然得体。	10	
团队协作	团队成员分工明确，沟通畅通，配合默契，整体良好。	10	
合计		**100**	

4. 注意事项

(1) 中餐服务分项选手全程使用普通话进行服务，西餐服务分项选手全程使用英语进行服务。

(2) 宴会服务中，选手服务的三位客人分别为主人、副主人、主宾。

(3) 具体操作可参照相关标准：

教育部制定的《高等职业学校酒店管理与数字化运营专业教学标准》中专业教学要求；

文化和旅游部全国旅游行业饭店服务技能大赛中餐、西餐等赛项相关标准；

第 44 届、45 届世界技能大赛餐厅服务项目相关标准；

第 46 届世界技能大赛国内部分省份选拔赛餐厅服务项目相关标准。

附录 1

“鼎盛诺蓝杯”第十一届全国旅游院校服务技能（饭店服务）大赛比赛规则和评分标准（高职高专院校组）

一、中餐宴会摆台

（一）比赛内容

餐厅服务（中餐宴会摆台）（10 人位）

（二）比赛要求

1. 依据中餐宴会设计和摆台原则，鼓励选手运用所学知识，创新设计台面，且具有可推广性。

2. 操作时间 16 分钟（提前完成不加分，到时终止比赛，选手不得继续操作）。

3. 选手必须携带身份证、学生证、参赛证提前接受检录，然后佩戴参赛号牌进入比赛场地，裁判员统一口令“开始准备”后进行准备，准备时间 3 分钟。准备就绪后，举手示意。选手在裁判员宣布“比赛开始”后开始操作。

4. 比赛开始前，选手站在工作台一侧位置，面向评委。比赛中所有操作必须按顺时针方向进行。逆时针操作每次扣 1 分。

5. 所有操作结束后，选手应回到工作台前，举手示意“操作完毕”。举手示意后不得再有其他操作动作，否则视为违例。若违例扣 3 分。

6. 除台布、花瓶（花篮或其他装饰物）和桌号牌可徒手操作外，其他物品均须使用托盘操作。

7. 餐巾准备无任何折痕，餐巾折花花型不限，但须突出主人、副主人花型，整体挺括、和谐、卫生，符合台面设计主题。

8. 选手摆台结束后，按顺序依次为主宾位、主人位及副主宾（主人左侧第一位）斟倒红酒、白酒，托盘斟酒且两种酒水同时装盘入托。是否包瓶自主选择。

9. 比赛评分标准中的项目顺序并不是规定的操作顺序，选手可以自行确定各个比赛项目的顺序。

10. 比赛中允许使用装饰盘垫，是否选用不做硬性规定。

11. 物品落地每件扣 3 分，物品碰倒每件扣 2 分；物品遗漏每件扣 1 分。

12. 组委会统一提供餐桌转盘，比赛时是否使用由参赛选手自定。如需使用转盘，须在比赛当天检录时说明。

13. 参赛选手可自主选择是否套装饰椅套（自备），套椅套环节包含在比赛规定时间内。自主选择是否使用桌旗（自备）。

14. 菜单编制应体现“科学营养，平衡膳食”的原则，内容应包括凉菜（冷盘）、热菜、汤羹、甜菜（包括宴席席点）、面点、水果等。

15. 选手在检录时需提交主题创意说明书7份（500字以内）。说明书上只允许出现台号（检录后由工作人员填写），不得出现其他任何与参赛选手个人信息相关的内容，一经发现，将按照作弊处理，取消参赛资格。

16. 主题摆台中不得出现任何体现参赛选手个人信息的设计、物品，一经发现，将按照作弊处理，取消参赛资格。

（三）物品准备

1. 组委会提供物品：餐台（高度为75厘米）、圆桌面（直径200厘米）、餐椅（10把）、工作台、桌号牌、白酒一瓶（500毫升筒装北京红星二锅头）、红酒一瓶（750毫升张裕干红葡萄酒）。

2. 选手自备物品

（1）防滑托盘（2个，含装饰盘垫或防滑盘垫）

（2）规格台布

（3）餐巾（10块，边长45～55厘米）

（4）花瓶、花篮或其他装饰物（1个）

（5）餐碟、味碟、汤勺、汤碗、长柄勺、筷子、筷架（各10套）

（6）水杯、葡萄酒杯、白酒杯（各10个）

（7）牙签（10套）

（8）菜单（2份或10份）

（9）公用餐具（筷子、筷架、汤勺各2套）

（四）评分标准

项目	操作程序及标准	分值	扣分	得分
仪容仪表（5分）	头发干净、整体着色自然，发型符合岗位要求。	1		
	服装、鞋子、袜子符合岗位要求、干净整齐，衣服熨烫挺括。	2		
	手部干净、指甲修剪整齐，不涂有色指甲油。不戴过于醒目的首饰，选手号牌佩戴规范。	1		
	仪态端庄，站姿、走姿规范优美，表情自然大方，面带微笑。	1		
台布（3分）	可采用抖铺式、推拉式或撒网式铺设，要求一次完成，两次扣0.5分，三次及以上不得分。	1		
	站位正确、动作熟练。	1		
	台布定位准确，十字居中，凸缝朝向正、副主人位，下垂均等，台面平整。	1		

（续表）

项目	操作程序及标准	分值	扣分	得分
拉椅定位（5分）	从主宾位开始拉椅定位，座位中心与餐碟中心对齐。	2		
	餐椅之间距离均等，餐椅座面边缘距台布下垂部分1.5厘米。	3		
餐碟定位（10分）	一次性定位、碟间距离均等；餐碟标志、餐碟中心点、餐桌中心点，三点一线。	8		
	距桌沿1.5厘米。	1		
	拿碟手法正确（手拿餐碟边缘部分）。	1		
味碟、汤碗、汤勺（10分）	汤碗、味碟位于餐碟上方，汤碗在左，味碟在右，二者相距2厘米。	5		
	汤碗距离骨碟1厘米，味碟中心与汤碗中心在同一直线上，汤勺放置于汤碗中，勺把朝左，与餐碟平行。	5		
筷架、筷子、长柄勺、牙签（10分）	筷架摆在餐碟右边，筷架与味碟中心在一条直线上。	3		
	筷子、长柄勺摆在筷架上，长柄勺距餐碟3厘米，筷尾距餐桌沿1.5厘米。	4		
	筷套正面朝上。	1		
	牙签位于长柄勺和筷子之间，牙签套正面朝上，底部与长柄勺齐平。	2		
葡萄酒杯、白酒杯、水杯（10分）	葡萄酒杯在汤碗与味碟的中线上方。	2		
	白酒杯摆在葡萄酒杯的右侧，水杯位于葡萄酒杯左侧，杯肚间隔1厘米，三杯呈水平直线。如果折的是杯花，水杯待餐巾花折好后一起摆上桌。	6		
	摆杯手法正确（手拿杯柄或中下部）。	2		
餐巾折花（8分）	花型突出正副主位、寓意与主题创意相吻合、朝向正确、整体协调。	3		
	折叠手法正确、美观大方。	3		
	一次性成形，花型逼真。	2		
公用餐具（2分）	公用餐具摆放在正副主人位置的正上方。	1		
	按先筷后勺顺序将筷、勺摆在公用筷架上（设两套），公用筷架与正副主人位水杯间距3厘米，筷子末端及勺柄向右。	1		
菜单、花瓶（花篮或其他装饰物）和主题说明牌（5分）	花瓶（花篮或其他装饰物）摆在台面中心位置，造型精美、符合主题要求。	1		
	宴会菜单内容完整，菜式体现特色、营养、美味，摆放在筷子架右侧，位置一致（两份菜单则分别摆放在正副主人的筷架右侧）。	3		
	主题说明牌摆放在花瓶（花篮或其他装饰物）正前方，面对副主人位。	1		

（续表）

项目	操作程序及标准	分值	扣分	得分
托盘 （4分）	用左手胸前托法将托盘托起，托盘位置高于选手腰部。托盘操作过程动作规范、娴熟。	2		
	理盘有序，起托、落托规范。	2		
斟酒 （10分）	将红、白酒瓶理放在托盘内，端托斟酒姿势规范。	1		
	从主宾位开始，按顺序依次为主宾、主人、副主宾斟酒。	1		
	斟倒酒水时，在客人右侧服务，酒标朝向客人。	1		
	斟倒酒水的量：白酒8分满、红葡萄酒5分满，斟量均等。	3		
	斟倒酒水时每滴一滴扣1分，每溢一滩扣3分（本项扣分最多4分）。	4		
主题创意设计 （8分）	创意新颖，主题鲜明，富有文化内涵。	2		
	台面设计彰显主题，符合餐桌礼仪，符合主题要求。	2		
	餐具色彩、式样、规格协调统一，符合卫生要求、便于使用。	2		
	整体美观、体现艺术美感，具有可推广性。	2		
综合印象 （7分）	操作过程中动作规范、技能娴熟、无失误。	2		
	工作台（备餐台）摆放有序、整理归位。	1		
	姿态优美、大方得体，符合岗位要求、无过多不切实际的表演性动作。	2		
	精神饱满、表情自然。	2		
主题说明书 （3分）	能正确表达创意主题，条理清晰，文字规范，不超过500字。	1.5		
	设计美观、环保、方便阅读。	1.5		
合计		100		
操作时间：　分　秒　　超时：　秒　扣分：　分				
物品落地　件、物品碰倒　件、物品遗漏　件， 逆时针操作　次，违例扣分：　分 合计扣分：　分				
备注：				
实际得分				

二、西餐宴会摆台

(一) 比赛内容

餐厅服务(西餐宴会摆台)(6 人位)

(二) 比赛要求

1. 摆台台形按餐台长边每边 2 人、短边每边 1 人摆放;以宴会套餐程序摆台,鼓励选手进行适当台面设计与布置创新,摆设设计由各选手自定。

2. 操作时间 16 分钟(提前完成不加分,到时终止比赛,选手不得继续操作)。

3. 选手必须携带身份证、学生证、参赛证提前接受检录,然后佩戴参赛号牌进入比赛场地,裁判员统一口令“开始准备”后进行准备,准备时间 3 分钟。准备就绪后,举手示意。

4. 选手在裁判员宣布“比赛开始”后开始操作。

5. 比赛开始时,选手站在主人位后侧。比赛中所有操作必须按顺时针方向进行。逆时针操作每次扣 1 分。

6. 所有操作结束后,选手应回到工作台前,举手示意“比赛完毕”。举手示意后不得再有其他操作动作,否则视为违例。若违例扣 3 分。

7. 餐巾准备无任何折痕,餐巾盘花花型不限,但须突出主位花型,整体符合台面设计主题。

8. 除装饰盘、花瓶(花坛或其他装饰物)和烛台可徒手操作外,其余物件,均须使用托盘操作。

9. 比赛中允许使用装饰盘垫或防滑盘垫。

10. 比赛评分标准中的项目顺序并不是规定的操作顺序,选手可以自行选择完成各个比赛项目。

11. 参赛选手可自主选择是否套装饰椅套(自备),套椅套环节包含在比赛规定时间内。自主选择是否使用桌旗(自备)。

12. 物品落地每件扣 3 分,物品碰倒每件扣 2 分,物品遗漏每件扣 1 分。

13. 斟倒酒水:为主宾、主人、副主人斟倒酒水。斟倒酒水时每滴一滴扣 1 分,每溢一滩扣 3 分。

14. 选手在检录时需提交主题创意说明书 7 份(500 字以内)。说明书上只允许出现台号(检录后由工作人员填写),不得出现其他任何与参赛选手个人信息相关的内容,一经发现,将按照作弊处理,取消参赛资格。

15. 主题摆台中不得出现任何体现参赛选手个人信息的设计、物品,一经发现,将按照作弊处理,取消参赛资格。

(三) 物品准备

1. 组委会提供物品:西餐长台(长 240 厘米×宽 120 厘米,高度为 75 厘米)、西餐椅(6 把)、工作台、比赛用酒水[张裕干红、干白葡萄酒(干红——波尔多瓶,干白——勃艮第瓶)]。

2. 自备物品

(1) 防滑托盘(2个,含装饰盘垫或防滑盘垫)

(2) 台布(2块):200厘米×162.5厘米

(3) 餐巾(6块,可加带装饰物)边长45～60厘米

(4) 装饰盘(6只):7.2寸～10寸

(5) 面包盘(6只):4.5寸～7寸

(6) 黄油碟(6只):1.8寸～4寸

(7) 主菜刀(肉排刀)、鱼刀、开胃品刀、汤勺、甜品勺、黄油刀(各6把)

(8) 主菜叉(肉叉)、鱼叉、开胃品叉、甜品叉(各6把)

(9) 水杯、红葡萄酒杯、白葡萄酒杯(各6个)

(10) 花瓶、花坛或其他装饰物(1个)

(11) 烛台(2座)

(12) 盐瓶、胡椒瓶(各2个)

(13) 牙签盅(2个)

(四) 评分标准

项目	项目评分细则		分值	扣分	得分
仪容仪表(10分)	男士仪容	发型:发型美观大方,前不过眉,侧不盖耳,后不盖领。	1		
		面容:干净,不留胡及长鬓角。	1		
	女士仪容	发型:发型美观大方、着色自然,前不盖眼,后不过肩。	1		
		面容:干净,着淡妆。	1		
	仪表	服装符合岗位要求,整齐干净,无破损、无丢扣、熨烫挺括。	1		
		皮鞋干净,擦拭光亮、无破损。	0.5		
		袜子:袜子干净、无褶皱、无破损;男深色、女浅色。	1		
	仪态	举止大方,自然,优雅礼貌,面带微笑。	2		
	首饰	不佩戴过于醒目的饰物,选手号牌佩戴规范。	1		
	指甲	干净、不涂染。	0.5		
台布(4分)	台布中凸线向上、对齐。		2		
	台布四边下垂距离合适并均等。		1		
	铺设操作最多三次整理成形。		1		

（续表）

项目	项目评分细则	分值	扣分	得分
席椅定位（3分）	操作从席椅正后方进行。	0.6(每把0.1)		
	从主人位开始按顺时针方向摆设。	0.6		
	相对席椅的椅背中心基本对准。	1.2(每对0.4)		
	席椅边沿与下垂台布间距离合适并均等。	0.6(每把0.1)		
装饰盘（4.8分）	从主人位开始顺时针方向摆设。	0.6		
	各盘盘边与桌边距离合适并均等。	1.2(每个0.2)		
	装饰盘中心与餐位中心对齐。	1.2(每个0.2)		
	盘与盘之间距离合适并均等。	1.2(每个0.2)		
	手持盘沿右侧操作。	0.6(每个0.1)		
刀、叉、勺（10.8分）	刀、叉、勺摆放整齐，距离合适并均等，距桌边距离合适并均等。	5.4(每件0.1)		
	各个餐位餐具布局对称，餐具间距离合适并均等。	5.4(每件0.1)		
面包盘、黄油刀、黄油碟（3.6分）	摆放顺序：面包盘、黄油刀、黄油碟。	0.6		
	黄油碟左侧边沿与面包盘中心成直线，各餐位统一。	1.2(每件0.2)		
	面包盘中心与装饰盘中心对齐。	0.6(每件0.1)		
	黄油刀置于面包盘右侧边沿1/3处。	0.6(每件0.1)		
	黄油碟摆放在黄油刀尖正上方，距离合适并均等。	0.6(每件0.1)		
杯具（10.8分）	摆放顺序：白葡萄酒杯、红葡萄酒杯、水杯（白葡萄酒杯摆在开胃品刀的正上方）。	1.8(每个0.1)		
	白葡萄酒杯距开胃品刀距离及杯身之间距离合适均等。	9(每组1.5分)		
花瓶（花坛或其他装饰物）（1分）	花瓶（花坛或其他装饰物）置于餐桌中央和桌面台布中点上。	0.5		
	花瓶（花坛或其他装饰物）的高度不超过30厘米。	0.5		
烛台（3分）	烛台与花瓶（花坛或其他装饰物）之间间距合适并均等。	1(每座0.5)		
	烛台底座中心压台布中凸线。	1(每座0.5)		
	两个烛台方向一致。	1(每座0.5)		
牙签盅（1.5分）	牙签盅与烛台间距合适并相等。	1(每个0.5)		
	牙签盅底座中心压在台布中凸线上。	0.5(每个0.25)		

（续表）

项目	项目评分细则	分值	扣分	得分
椒盐瓶（3分）	椒盐瓶与牙签盅间距合适并两两相等。	1(每组0.5)		
	椒盐瓶两瓶间距合适并两两相等，左椒右盐。	1(每组0.5)		
	椒盐瓶间距中心对准台布中凸线。	1(每组0.5)		
餐巾盘花（5分）	在装饰盘上折，在盘中位置摆放一致，左右成一条线。	2		
	造型美观、大小一致，突出正副主人。	3		
斟倒酒水（14.5分）	酒标朝向客人（白葡萄酒必须口布包瓶），在客人右侧服务。	2		
	斟倒时瓶口与杯口距离合适。	2		
	斟倒时流速和流量控制得当。	2		
	斟至规定分量时应顺势收瓶口。	1		
	斟倒结束时擦拭瓶口。	1		
	倒水及斟酒的顺序为：水、白葡萄酒、红葡萄酒。	2		
	斟倒酒水的量：水4/5杯；白葡萄酒2/3杯；红葡萄酒1/2杯。	4.5		
综合印象（25分）	操作前，各类餐用具分类摆放有序，符合科学有效的操作台面，杯具在托盘中杯口朝上。	3		
	操作过程中保持工作台面的整洁，操作动作符合岗位安全和卫生规范。	5		
	台面中心美化新颖、主题突出。	3		
	布件颜色协调、美观。	4		
	整体设计高雅、符合西餐宴饮文化。	4		
	操作过程中动作规范、娴熟、敏捷、声轻，姿态优美，能体现岗位气质。	6		
合计		100		
操作时间：　分　秒　超时：　秒　扣分：　分				
物品落地　件，物品碰倒　件，物品遗漏　件；　扣分：　分				
逆时针操作　次，　扣分：　分				
斟倒酒水滴落　滴，溢出　滩，　扣分：　分				
合计扣分：　分				
备注：				
实际得分：　分				

附录 2

2021 年全国职业院校技能大赛高职组
“餐厅服务”赛项规程

本赛项以对标国际标准、展示中国特色、贴近生产实际、体现工作过程为宗旨，考核高职旅游大类专业学生餐厅服务中的整体综合能力及应变能力，推动高职旅游大类专业“赛教融合、赛训融合”的教育教学改革，促进高素质、技术技能型及综合型旅游大类专业人才的培养，适应当今酒店业不断发展变化的需要。

（一）竞赛内容

本赛项由中餐服务和西餐服务两部分内容组成，共四个模块。中餐服务分为主题宴会设计、宴会服务两个模块；西餐服务分为鸡尾酒调制与服务、休闲餐厅服务两个模块。赛项内容涵盖了旅游大类专业餐饮教学的核心技能和职业素养，强调工作的规范化、实境化、流程化与职业化。

表 1　竞赛内容汇总表

比赛分项	模块号	竞赛时间	竞赛内容
中餐服务 2.00 小时	模块 A：主题宴会设计	0.5 小时	每位选手根据抽取赛题规定的主题，完成创意设计，比赛现场完成 8 人宴会台面的布置，包括工作准备、宴会摆台、主题宴会设计。提交 6 份主题创意说明书（不少于 1 000 字，内含菜单设计创意）、现场进行主题创意布置和餐巾花的折叠。
	模块 B：宴会服务	1.5 小时	每位选手根据抽取赛题规定的水果种类进行果盘制作。每位选手需要为 3 位客人提供服务，包括果盘服务、餐前服务、酒水服务、菜品服务和餐后服务等。全程使用普通话进行服务。
西餐服务 2.00 小时	模块 C：鸡尾酒调制与服务	0.5 小时	根据材料清单来进行自创 2 款鸡尾酒，并提交英文配方。制作 4 杯鸡尾酒，并为客人提供鸡尾酒服务，包括准备工作、鸡尾酒调制、鸡尾酒服务等。全程使用英语进行服务。
	模块 D：休闲餐厅服务务	1.5 小时	每位选手根据抽取赛题规定的休闲餐厅菜单，进行餐前准备。每位选手需完成 2 桌，每桌 2 位客人的服务，包括餐前准备（含包边台等）、酒水服务、餐食服务等。全程使用英语进行服务。

（二）竞赛方式

本赛项为团体赛。每省选派 1 支代表队，每支代表队由 2 位选手组成，具体分工由参赛队报名时确定。其中 1 位选手完成中餐服务分项内容；另 1 位选手完成西餐服务分项内容。每队指导老师不超过 2 人。不允许跨校组队。

（三）竞赛赛卷

1. 本赛项不设理论考试，理论知识考核在各模块中涉及与涵盖。

2. 本赛项设立10套竞赛赛卷，将于赛前一个月公布，比赛前三天由裁判长抽取7套赛题作为正式比赛赛题。每套赛题包含中餐宴会设计创意主题、中餐服务菜品、果盘制作的水果清单、休闲餐厅服务菜单等内容。

（四）竞赛规则

1. 参赛队选手检录时随机抽取各自的赛题1套(7选1)，中餐服务、西餐服务参赛选手分别根据此套赛题内容进行比赛。

2. 各模块比赛的起止时间听从裁判指令。

3. 选手准备工作结束后举手示意裁判，经裁判指令后，客人即可进入赛场。休闲餐厅服务的第二批客人在第一批客人进入后5分钟再进入。

4. 中餐服务分项选手全程使用普通话进行服务，西餐服务分项选手全程使用英语进行服务。

5. 比赛过程中，不能说明自己的代表队或参赛院校。

6. 中餐服务的菜品由工作人员送至赛位。

（五）竞赛环境

竞赛赛场主要划分为比赛区、裁判区、观摩区、后勤保障区等四个功能区。其中比赛区划分为中餐服务比赛区、鸡尾酒调制与服务比赛区和休闲餐厅服务比赛区三个区域。中餐服务比赛区设6个赛位，每组比赛使用3个赛位，每个赛位面积不少于20 m^2。西餐服务比赛区包括鸡尾酒调制与服务、休闲餐厅服务两个区域。其中鸡尾酒调制与服务比赛区设3个赛位，每组比赛使用3个赛位(每个赛位2张桌子)，每个赛位面积不少于20 m^2；休闲餐厅服务比赛区设6个赛位，每组比赛使用3个赛位(每个赛位2张桌子)，每个赛位面积不少于30 m^2；后勤保障区提供餐用具、菜品、酒水、水果及保鲜、冷藏设施，设置选手休息、更衣区域。

（六）技术规范

1. 教育部制定的《高等职业学校酒店管理与数字化运营专业教学标准》；
2. 文化和旅游部全国旅游行业饭店服务技能大赛中餐、西餐、调酒等赛项相关标准；
3. 第44届、45届世界技能大赛餐厅服务项目相关标准；
4. 全国第一届职业技能大赛世赛选拔赛餐厅服务项目相关标准；
5. 全国第一届职业技能大赛国赛精选赛餐厅服务项目相关标准。

（七）评分组成

表2　评分组成

赛项	分项	模块编号	模块名称	分数		
				测量分	评价分	合计
餐厅服务	中餐服务	模块A	主题宴会设计	13	7	20
		模块B	宴会服务	17	13	30
	西餐服务	模块C	鸡尾酒调制与服务	6	9	15
		模块D	休闲餐厅服务	18	17	35
合计				54	46	100

（八）评分办法

本项目的成绩评定由裁判组对选手进行评分。评分的方式分为测量和评价两类，主要为过程性评分。凡可采用客观数据表述的评判称为测量；凡需要采用主观描述进行的评判称为评价。

1. 评价分（主观）

评价分打分方式：按模块设置若干个评分组，裁判各自单独评权重分，计算出平均权重分，除以3后再乘以该子项的分值计算出实际得分。裁判相互间分差必须小于等于1档，否则需要给出解释并在小组长或裁判长的监督下进行调分。

表3 "社交能力"评价分例表

权重	要求描述
0	0选手没有社交能力或与客人无交流
1	1选手与客人有一定的沟通，在工作任务中展现一定水平的自信
2	2选手展现较高水平的自信，与客人沟通良好，整体印象良好
3	3选手展现优异的人际沟通能力，自然得体，有关注细节的能力

2. 测量分（客观）

测量分打分方式：按模块设置若干个评分组，每组由3名及以上裁判构成。每个组所有裁判一起商议，在对该选手在该项中的实际得分达成一致后最终只给出一个分值。

表4 "仪容仪态"测量分例表

类型	示例	最高分值	正确分值	不正确分值
满分或零分	制服干净整洁，熨烫挺括合身，符合行业标准	0.2	0.2	0
	工作鞋干净，且符合行业标准	0.2	0.2	0
	具有较高标准的卫生习惯；男士修面，胡须修理整齐；女士淡妆	0.2	0.2	0
	身体部位没有可见标记；不佩戴过于醒目饰物；指甲干净整齐，不涂有色指甲油	0.2	0.2	0
	合适的发型，符合职业要求	0.2	0.2	0
	工作中站姿、走姿优美，表现专业	0.5	0.5	0

附录 3

2021年全国职业院校技能大赛高职组
"餐厅服务"赛项样题

一、中餐宴会设计创意主题

从以下三类宴会中任选一类，自定主题，完成主题宴会设计，包括菜单设计、主题创意说明书等。现场完成 8 人宴会台面的布置。

（一）商务类宴会

企业团体或组织由于商务洽谈、协议签署、企业庆典等活动需要而举行的宴请活动。

……

二、水果清单

选手从以下六种水果中选取四种，其中火龙果、芒果必选，其余两种选手可自行选择。

1. 火龙果
2. 芒果
3. 西瓜
4. ……

三、中餐宴会服务菜品

1. 热菜：芹菜炒肉丝（主料：芹菜、猪肉丝；辅料：木耳）
2. 汤：西红柿蛋花汤（主料：西红柿、鸡蛋）

四、鸡尾酒调制与服务

1. 鸡尾酒调制配方模版

表 1　鸡尾酒调制配方模版

SIGNATURE COCKTAIL RECIPE TEMPLATE

Competitor name	Number
Recipe for 2 persons signature cocktail	Date
Amount	Ingredients

（续表）

Competitor name	Number
Garnish/Glasses	
Description of the preparation	

2. 鸡尾酒调制材料清单

表 2 鸡尾酒调制材料清单

LIST OF SIGNATURE COCKTAIL INGREDIENTS

Spirits	**Liqueurs**	**Juice/Soft Drinks**	**Syrup**	**Others**
Tequilacream	Amaretto	Orange juice	Cherry syrup	Cream
Rum	Chocolate	Grapefruit juice	Sugar syrup	Coconut milk
Vodka	Strawberry	Cranberry juice	Grenadine syrup	Lemon
Gin	Cherry	Mango juice	Violet syrup	Lime
Brandy	Banana	Pineapple juice	Strawberry syrup	Orange
Whisky	Green mint	Yellow lemon juice	Greenmint syrup	Apple
	Blue curacao	Lime juice		Mint leaves
	Drambuie	Pure milk		Maraschino cherries
	Baileys	Sprite		Sugar
	Grand Marnier	Tonic water		Salt
	Malibu			Pepper

五、休闲餐厅服务菜单

表 3 休闲餐厅服务菜单

MENU	
Appetizers	Special of the Day
Maincourses	Pan-fried sea bass
	Beef steak
Desserts	Apple pie
	Fruits alad

（续表）

DRINK LIST	
Drinks	Sparkling water
	White wine(B)
	Red wine(A)

（九）评分标准

比赛总成绩满分 100 分，其中：中餐主题宴会设计 20 分，中餐宴会服务 30 分，鸡尾酒调制与服务 15 分，休闲餐厅服务 35 分。具体评分标准如下：

表 4　主题宴会设计模块评分表

序号	M＝测量 J＝评判	标准名称或描述	权重	评分
A1 仪容 仪态 2 分	M	制服干净整洁，熨烫挺括合身，符合行业标准	0.2	Y|N
	M	工作鞋干净，且符合行业标准	0.2	Y|N
	M	具有较高标准的卫生习惯；男士修面，胡须修理整齐；女士淡妆	0.2	Y|N
	M	身体部位没有可见标记；不佩戴过于醒目饰物；指甲干净整齐，不涂有色指甲油	0.2	Y|N
	M	合适的发型，符合职业要求	0.2	Y|N
	J	0 所有的工作中站姿、走姿标准低，仪态未能展示工作任务所需的自信 1 所有的工作中站姿、走姿一般，对于有挑战性的工作任务时仪态较差 2 所有的工作任务中站姿、走姿良好，表现较专业，但是仍有瑕疵 3 所有的工作中站姿、走姿优美，表现非常专业	1.0	0 1 2 3
A2 宴会 摆台 7 分	M	巡视工作环境，进行安全、环保检查	0.1	Y|N
	M	检查服务用品，工作台物品摆放正确	0.1	Y|N
	M	台布平整，凸缝朝向正、副主人位	0.3	Y|N
	M	台布下垂均等	0.3	Y|N
	M	装饰布平整且四周下垂均等	0.2	Y|N
	M	从主人位开始拉椅	0.2	Y|N
	M	座位中心与餐碟中心对齐	0.2	Y|N
	M	餐椅之间距离均等	0.2	Y|N
	M	餐椅座面边缘与台布下垂部分相切	0.2	Y|N
	M	餐碟间距离均等	0.2	Y|N

（续表）

序号	M=测量 J=评判	标准名称或描述	权重	评分
	M	相对餐碟、餐桌中心、餐椅五点一线	0.3	Y|N
	M	餐碟距桌沿 1.5 厘米	0.1*8	Y|N
	M	餐碟，拿碟手法正确(手拿餐碟边缘部分)、卫生	0.1	Y|N
	M	味碟位于餐碟正上方，相距 1 厘米	0.1*8	Y|N
	M	汤碗位于味碟左侧，与味碟在一条直线上，汤碗、汤勺摆放正确、美观	0.1	Y|N
	M	筷架摆在餐碟右边，位于筷子上部三分之一处	0.2	Y|N
	M	筷子、长柄勺搁摆在筷架上，长柄勺距餐碟均等	0.2	Y|N
	M	筷子的筷尾距餐桌沿 1.5 厘米，筷套正面朝上	0.1*8	Y|N
	M	牙签位于长柄勺和筷子之间，牙签套正面朝上，底部与长柄勺齐平	0.1	Y|N
	M	葡萄酒杯在味碟正上方 2 厘米	0.2	Y|N
	M	白酒杯摆在葡萄酒杯的右侧，水杯位于葡萄酒杯左侧，杯肚间隔 1 厘米	0.1*8	Y|N
	M	三杯成斜直线	0.2	Y|N
	M	摆杯手法正确(手拿杯柄或中下部)、卫生	0.2	Y|N
	M	使用托盘操作(台布、桌裙或装饰布、花瓶或其他装饰物)	0.2	Y|N
A1 仪容 仪态 2 分	M	操作按照顺时针方向进行	0.2	Y|N
	M	操作中物品无掉落	0.3	Y|N
	M	操作中物品无碰倒	0.3	Y|N
	M	操作中物品无遗漏	0.2	Y|N
	J	0 操作不熟练，有重大操作失误，整体表现差，美观度较差，选手精神不饱满 1 操作较熟练，有明显失误，整体表现一般，美观度一般，选手精神较饱满 2 操作较熟练，无明显失误，整体表现较好，美观度优良，选手精神较饱满 3 操作很熟练，无任何失误，整体表现优，美观度高，选手精神饱满	1.0	0 1 2 3
A3 餐巾 折花 2 分	M	餐巾准备平整、无折痕	0.2	Y|N
	M	花型突出主位	0.2	Y|N
	M	使用托盘摆放餐巾	0.2	Y|N

（续表）

序号	M=测量 J=评判	标准名称或描述	权重	评分
	M	餐巾折花手法正确，操作卫生	0.4	Y|N
	J	0 花型不美观，整体不挺括，与主题无关、无创意 1 花型欠美观，整体缺少挺括，与主题关联低、缺少创意 2 花型较美观，整体较挺括，与主题有关联、有创意 3 花型美观，整体挺括、和谐，突显主题、有创意	1.0	0 1 2 3
A4 主题 创意 设计 3分	M	台面物品、布草（含台布、餐巾、椅套等）的质地环保，选择符合酒店经营实际	0.2	Y|N
	M	台面布草色彩、图案与主题相呼应	0.1	Y|N
	M	现场制作台面中心主题装饰物	0.3	Y|N
	M	中心主题装饰物设计规格与餐桌比例恰当，不影响就餐客人餐中交流	0.2	Y|N
	M	选手服装与台面主题创意呼应、协调	0.2	Y|N
	J	0 中心主题创意新颖性差，设计外形美观度差，观赏性差，文化性差 1 中心主题创意新颖性一般，设计外形美观度一般，观赏性一般，文化性一般 2 中心主题创意较新颖，设计外形较美观，具有较强观赏性，较强的文化性 3 中心主题创意十分新颖，设计外形十分美观，具有很强观赏性，很强的文化性	1.0	0 1 2 3
	J	0 台面整体设计未按照选定主题进行设计，整体效果较差，不符合酒店经营实际，应用价值低 1 台面整体设计依据选定主题进行设计，整体效果一般，基本符合酒店经营实际，具有一定的应用价值 2 台面整体设计依据选定主题进行设计，整体效果较好，符合酒店经营实际，具有较好的市场推广价值 3 台面整体设计依据选定主题进行设计，整体效果优秀，完全符合酒店经营实际，具有很好的市场推广价值	1.0	0 1 2 3
A5 菜单 设计 2分	M	菜单设计的各要素（例如颜色、背景图案、字体、字号等）与主题一致	0.2	Y|N
	M	菜品设计能充分考虑成本等因素，符合酒店经营实际	0.2	Y|N
	M	菜品设计注重食材选择，体现鲜明的主题特色和文化特色	0.2	Y|N
	M	菜单外形设计富有创意，形式新颖	0.2	Y|N
	M	菜品设计（菜品搭配、数量及名称）合理，符合主题	0.2	Y|N

（续表）

序号	M=测量 J=评判	标准名称或描述	权重	评分
	J	0 菜单设计整体创意较差，艺术性较差，文化气息较差，设计水平较差，不具有可推广性 1 菜单设计整体创意一般，艺术性一般，文化气息一般，设计水平一般，具有一定推广性 2 菜单设计整体较有创意，较有艺术性，较有文化气息，设计水平较高，具有较强的可推广性 3 菜单设计整体富有创意，富有艺术性，富有文化气息，设计水平高，具有很强的可推广性	1.0	0 1 2 3
A6 主题 创意 说明书 2分	M	设计精美、图文并茂；材质精良、制作考究	0.5	Y|N
	M	文字表达简练、清晰、优美；能够准确阐述主题	0.2	Y|N
	M	创意说明书制作与整体设计主题呼应，协调一致	0.3	Y|N
	J	0 创意说明书结构较混乱，层次不清楚，逻辑不严密 1 创意说明书机构欠合理，层次欠清楚，逻辑欠严密 2 创意说明书总体结构较合理，层次较清楚，逻辑较严密 3 创意说明书总体结构十分合理，层次十分清楚，逻辑十分严密	1.0	0 1 2 3
合计			**20**	

表5　宴会服务模块评分表

序号	M=测量 J=评判	标准名称或描述	权重	评分
B1 餐前 服务 6分	M	检查餐台摆设状态，查验餐台物品	0.2	Y|N
	M	准备服务用品，工作台摆放合理、安全整齐	0.2	Y|N
	M	主动、友好地问候客人，欢迎客人光临	0.3	Y|N
	M	引领方式正确、规范	0.3	Y|N
	M	为宾客拉椅入座，顺序正确	0.5	Y|N
	M	拆餐巾、拆筷套、服务客人顺序正确	0.5	Y|N
	M	拆餐巾、拆筷套动作正确、熟练、优雅	0.5	Y|N
	M	正确使用托盘上茶	0.5	Y|N
	M	上茶服务顺序正确	0.5	Y|N
	M	茶水适量，无滴洒，分量均等	0.5	Y|N
	J	0 选手社交能力欠缺或与客人无交流 1 选手与客人有一定的沟通，在工作任务中展现一定水平的自信 2 选手展现较高水平的自信，与客人沟通良好，整体印象良好 3 选手展现优异的人际沟通能力，自然得体，有关注细节的能力	2.0	0 1 2 3

（续表）

序号	M=测量 J=评判	标准名称或描述	权重	评分
B2 果盘 制作与 服务 6分	M	水果选用正确	0.5	Y|N
	M	出品分量、大小均等	0.5	Y|N
	M	制作过程中手不接触水果	0.5	Y|N
	M	已经去皮的完整水果必须完全使用，将没有完全去皮的水果放回	0.5	Y|N
	M	操作流程安全	0.5	Y|N
	M	上果盘服务顺序正确	0.5	Y|N
	J	0 果盘制作技术差，卫生差，水果物料有浪费，展示差，未达到合格标准 1 果盘制作技术一般，存在一些浪费，水果切分大小不宜食用，果盘造型一般 2 果盘制作技术较好，水果切分大小适宜食用，卫生情况良好，无浪费，作品有一定创造力，最终展示良好 3 出色的果盘制作技巧，无浪费，操作过程顺畅，作品有创造力，最终展示出色	3.0	0 1 2 3
B3 酒水 服务 7分	M	向客人正确介绍酒水	0.4	Y|N
	M	服务用语恰当	0.4	Y|N
	M	准确记录客人所点酒水	0.4	Y|N
	M	正确调整和更换客人器具	0.5	Y|N
	M	示酒姿势标准，站位正确	0.4	Y|N
	M	正确方式开瓶，安全卫生	0.5	Y|N
	M	正确为客人提供鉴酒服务	0.5	Y|N
	M	按顺序斟倒酒水	0.5	Y|N
	M	斟倒酒量符合标准，不滴酒	0.4	Y|N
	J	0 托盘技术差，有明显失误现象，最终服务效果差，未达到合格标准 1 托盘技术一般，有晃动，操作动作基本符合规范要求 2 托盘技术稳定，操作动作协调，注重卫生和安全，最终展示效果良好 3 托盘技术稳定，服务流畅，动作优雅，最终效果出色	3.0	0 1 2 3
B4 菜品 服务 8分	M	服务顺序正确	0.5	Y|N
	M	站位准确，上菜手法正确	0.5	Y|N
	M	菜肴摆放位置准确	0.5	Y|N
	M	正确报菜名	0.5	Y|N

(续表)

序号	M=测量 J=评判	标准名称或描述	权重	评分
	M	分菜过程操作规范，安全、卫生	0.5	Y|N
	M	分汤过程操作规范，安全、卫生	0.5	Y|N
	M	分菜的分量均等	0.5	Y|N
	M	分菜的分量均等	0.5	Y|N
	J	0 菜品介绍简单，表达不流畅 1 菜品介绍有内容，表达流畅，无感染力 2 菜品介绍内容丰富，表达流畅，有一定的感染力 3 菜品介绍表达流畅，感染力强，内容丰富，有文化内涵	2.0	0 1 2 3
	J	0 服务技术差，动作不流畅，几乎没有对客交流 1 服务技术一般，动作基本流畅，有一些对客交流 2 服务技术良好，比较自然得体，对客交流良好，动作流畅 3 服务技术优秀，对客交流好，自然得体，动作流畅	2.0	0 1 2 3
B5 餐后 服务 3 分	M	主动征询客人意见	0.3	Y|N
	M	提醒客人带好随身物品，检查、确认客人无遗留物品	0.2	Y|N
	M	送客热情、有礼貌	0.5	Y|N
	M	服务用具归位，操作规范	1.0	Y|N
	J	0 选手缺乏社交能力或与客人无交流 1 选手与客人有一定的沟通，在工作任务中展现一定的自信 2 选手展现较高水平的自信，与客人沟通良好，整体印象良好 3 选手展现优异的人际沟通能力，自然得体，有关注细节的能力	1.0	0 1 2 3
合计			**30**	

表 6　鸡尾酒调制与服务模块评分表

任务	M=测量 J=评判	标准名称或描述	权重	评分
C1 仪容 仪态 2 分	M	制服干净整洁，熨烫挺括，合身，符合行业标准	0.2	Y|N
	M	鞋子干净且符合行业标准	0.2	Y|N
	M	男士修面，胡须修理整齐；女士淡妆，身体部位没有可见标记	0.2	Y|N
	M	发型符合职业要求	0.2	Y|N
	M	不佩戴过于醒目的饰物	0.1	Y|N
	M	指甲干净整齐，不涂有色指甲油	0.1	Y|N

（续表）

任务	M=测量 J=评判	标准名称或描述	权重	评分
	J	0 所有的工作中站姿、走姿标准低，仪态未能展示工作任务所需的自信 1 所有的工作中站姿、走姿一般，对于有挑战性的工作任务时仪态较差 2 所有的工作任务中站姿、走姿良好，表现较专业，但是仍有瑕疵 3 所有的工作中站姿、走姿优美，表现非常专业	1.0	0 1 2 3
C2 鸡尾酒调制 6 分	M	所有必需设备和材料全部领取正确、可用	0.5	Y|N
	M	鸡尾酒调制过程中没有浪费	0.5	Y|N
	M	鸡尾酒调制方法正确	0.5	Y|N
	M	鸡尾酒成份合理	0.5	Y|N
	M	鸡尾酒调制过程没有滴洒	0.5	Y|N
	M	同款鸡尾酒出品一致	0.5	Y|N
	M	操作过程注重卫生	0.5	Y|N
	M	器具和材料使用完毕后复归原位	0.5	Y|N
	J	0 对酒吧任务不自信，缺乏展示技巧，无法提供最终作品或最终作品无法饮用 1 对酒吧服务技巧有一定了解，展示技巧一般，提供的最终作品可以饮用 2 对任务充满自信，对酒吧技巧的了解较多，作品呈现与装饰物展现较好 3 对任务非常有自信，与宾客有极好的眼神交流，酒吧技术知识丰富，作品呈现优秀，装饰物完美	2.0	0 1 2 3
C3 鸡尾酒服务 6 分	M	礼貌地迎接、送别客人	0.2	Y|N
	M	向客人推荐并介绍鸡尾酒	0.5	Y|N
	M	向客人服务鸡尾酒时使用杯垫	0.3	Y|N
	J	0 全程没有或较少使用英语服务 1 全程大部分使用英语服务，但不流利 2 全程使用英语服务，较为流利，但专业术语欠缺 3 全程使用英语服务，整体流利，使用专业术语	2.0	0 1 2 3
	J	0 在服务过程中没有互动，没有解释和风格 1 与客人有一些互动，对鸡尾酒有介绍，具有适当的服务风格 2 在服务过程中有良好自信，对鸡尾酒的原料和创意有基本的介绍，有良好的互动，在服务过程中始终如一 3 与宾客具有极好的互动，对鸡尾酒的原料有清晰的介绍，清楚地讲解鸡尾酒创意，展示高水准的服务技巧	3.0	0 1 2 3

（续表）

序号	M=测量 J=评判	标准名称或描述	权重	评分
C4 综合 印象 1分	J	0 在所有的任务中，缺乏自信的表现 1 在所有任务中状态一般，当发现任务具有挑战性时表现为不良状态 2 在执行所有任务时都保持良好的状态，看起很专业，但稍显不足 3 在执行任务中，始终保持出色的状态标准，整体表现非常专业	1.0	0 1 2 3
合计			**15**	

表7　休闲餐厅服务模块评分表

任务	M=测量 J=评判	标准名称或描述	权重	评分
D1 仪容 仪态 2分	M	制服干净整洁，熨烫挺括，合身，符合行业标准	0.2	Y|N
	M	鞋子干净且符合行业标准	0.2	Y|N
	M	男士修面，胡须修理整齐；女士淡妆，身体部位没有可见标记	0.2	Y|N
	M	发型符合职业要求	0.2	Y|N
	M	不佩戴过于醒目的饰物	0.1	Y|N
	M	指甲干净整齐，不涂有色指甲油	0.1	Y|N
	J	0 所有的工作中站姿、走姿标准低，仪态未能展示工作任务所需的自信 1 所有的工作中站姿、走姿一般，对于有挑战性的工作任务时仪态较差 2 所有的工作任务中站姿、走姿良好，表现较专业，但是仍有瑕疵 3 所有的工作中站姿、走姿优美，表现非常专业	1.0	0 1 2 3
D2 餐前 准备 8分	M	正确领取必需的餐用具，合理摆放	1.0	Y|N
	M	确认餐用具的清洁，确保卫生安全	1.0	Y|N
	M	餐台桌布摆放平整美观	1.0	Y|N
	M	餐台餐用具摆放整齐、美观，方便客人使用	1.0	Y|N
	M	餐巾挺括整洁	0.5	Y|N
	M	花型一致，符合休闲餐厅需求	0.5	Y|N
	J	0 未完成包边台操作 1 包边台操作不规范、不卫生、不平整，物品不整洁 2 包边台操作规范卫生，但欠缺平整美观或物品整洁 3 包边台操作正确规范、卫生、平整美观，物品整洁有序	3.0	0 1 2 3

（续表）

任务	M=测量 J=评判	标准名称或描述	权重	评分
D3 社交 技能 6分	J	0 全程没有或较少使用英语服务 1 全程大部分使用英语服务，但不流利 2 全程使用英语服务，较为流利，但专业术语欠缺 3 全程使用英语服务，整体流利，使用专业术语	2.0	0 1 2 3
	J	0 与客人无交流，客人需要自己解决问题，服务缓慢 1 有一些交流，呈送菜单，有基本服务 2 与客人交流良好，帮助客人入座，呈送菜单并介绍 3 热情且真诚地迎宾，帮助客人入座，呈送菜单并介绍，关注细节，展现良好的服务水平	2.0	0 1 2 3
	J	0 选手没有社交能力或与客人无交流 1 选手与客人有一定的沟通，在工作任务中展现一定水平的自信 2 选手展现较高水平的自信，与客人沟通良好，整体印象良好 3 选手展现优异的人际沟通能力，自然得体，有关注细节的能力	2.0	0 1 2 3
D4 酒水 服务 9分	M	向客人询问并提供倒水的服务	1.0	Y|N
	M	向客人推销介绍酒水	1.0	Y|N
	M	提供红葡萄酒的示酒、开瓶、醒酒、鉴酒和斟酒服务	1.0	Y|N
	M	提供白葡萄酒的酒水准备、示酒、开瓶和斟酒服务	1.0	Y|N
	J	0 服务红葡萄酒流程差，动作不佳，缺乏对客交流 1 服务红葡萄酒流程一般，动作一般，有一定的对客交流 2 服务红葡萄酒流程良好，动作自然得体，对客交流良好 3 服务红葡萄酒流程优秀，包括示酒、开瓶、醒酒、鉴酒和斟酒，动作非常自然得体，对客交流能力强	3.0	0 1 2 3
	J	0 服务白葡萄酒流程差，动作不佳，缺乏对客交流 1 服务白葡萄酒流程一般，动作一般，有一定的对客交流 2 服务白葡萄酒流程良好，动作自然得体，对客交流良好 3 服务白葡萄酒流程优秀，包括酒水准备、示酒、开瓶和斟酒，动作自然得体，对客交流能力强	2.0	0 1 2 3
D5 餐食 服务 10分	M	正确调整客人餐用具	1.0	Y|N
	M	正确服务面包	0.5	Y|N
	M	提供餐食与客人点单内容相符	1.0	Y|N
	M	正确服务调味汁	0.5	Y|N
	M	正确询问烹制要求	0.5	Y|N
	M	正确采用美式服务方式进行餐食服务	1.0	Y|N
	M	上菜顺序正确	0.5	Y|N

（续表）

任务	M=测量 J=评判	标准名称或描述	权重	评分
	M	餐食摆放方式正确	1.0	Y|N
	M	正确服务咖啡或茶	0.5	Y|N
	M	水杯留到用餐结束	0.5	Y|N
	M	用餐结束正确清理收尾	1.0	Y|N
	J	0 服务不自然，流程不流畅，服务与清台技术差，缺乏组织管理能力 1 服务流程比较流畅，服务与清台技术一般，有一定组织管理能力 2 服务流程良好，服务与清台技术良好，服务中自然得体 3 服务与清台流程优秀，对客交流能力强，组织管理能力强，服务非常自然得体	2.0	0 1 2 3
合计			**35**	

附录 4

2021 年世界技能大赛“餐厅服务”赛项规程

WorldSkills Occupational Standards (WSOS) Restaurant Service

Sections	Requirements and standards	Relative importance(%)
1. Work organization and management	**The individual needs to know and understand:** • Different types of food service establishment and the styles of food service that they will use • The importance of the ambiance of the restaurant to the overall meal experience • Target markets for various types of food service styles • Business and financial imperatives when running a food service establishment • Relevant legislative and regulatory requirements, including health, safety, and environment, food handling and hygiene, and the sale and service of alcohol • The importance of working efficiently to minimize wastage and negative impacts on the environment from business activity and to maximize sustainability • Ethics linked to the food service industry • The importance of effective inter-departmental working **The individual shall be able to:** • Present themselves to guests in a professional manner • Demonstrate personal attributes including personal hygiene, smart and professional appearance, demeanour, and deportment • Organize tasks effectively and plan workflows • Consistently demonstrate hygienic and safe work practices • Minimize waste and any negative impact on the environment • Work effectively as part of teams and with other departments • Act honestly and ethically in all dealings with customers, colleagues, and the employer • Be responsive to unexpected or unplanned situations and effectively solve problems as they occur • Engage with continuous professional development • Prioritize tasks, especially when serving multiple tables	10

（续表）

Sections	Requirements and standards	Relative importance(%)
2. Customer service and communi-cat-ions	**The individual needs to know and understand:** • The importance of overall meal experiences • The importance of effective communications and inter-personal skills when working with customers and colleagues • The food server's role in maximizing sales **The individual shall be able to:** • Greet and seat guests appropriate to service areas • Provide appropriate advice and guidance to guests on the menu choices, based on sound knowledge • Take orders accurately from guests • Judge the level of communication and interaction appropriate for each guest or group • Communicate effectively with guests appropriate to the setting and the guests' requirements • Act politely and courteously • Be attentive without being intrusive • Check with customers that everything is satisfactory • Observe appropriate table etiquette • Deal effectively with guests who are difficult or who complain • Communicate effectively with guests who have communication difficulties • Recognize and respond to any special needs that guests may present • Liaise effectively with kitchen staff and staff from other departments • Present bills, deal with payments, and bid guests farewell	12
3. Preparation for service (Mise En Place)	**The individual needs to know and understand:** A range of standard restaurant materials and equipment including: • Cutlery • Crockery • Glassware • Linen • Furniture • The purposes of specialist equipment used in restaurant service • The importance of presentation and appearance for restaurants • The factors that contribute to creating the right ambiance and atmosphere for dining • The tasks to be completed to prepare for service **The individual shall be able to:** • Prepare table dressings and decorations • Ensure that rooms are clean and well presented • Prepare restaurants appropriately for meals to be served • Place tables and chairs appropriately for expected number of covers • Set tables using the appropriate linen, cutlery, glassware, china, cruets, and additional equipment necessary • Create a range of napkin folds for different settings and occasions	10

(续表)

Sections	Requirements and standards	Relative importance(%)
	• Prepare restaurants for various service styles including breakfast, lunch, afternoon tea, dinner, casual, a la carte, bar, banqueting, and fine dining service • Prepare buffet tables for buffet style service including boxing tablecloths • Organize and prepare function rooms in readiness for various function formats • Organize and prepare sundry supporting areas, for example sideboards, still rooms, and expected accompaniments and condiments for menu items	
4. Food service	**The individual needs to know and understand:** • National and international food and beverage service styles and techniques • When and in what circumstances various food service techniques would be used • Ingredients, method of cookery, presentation, and service for all dishes on the menu, sufficient to advise guests • Current and future trends in restaurant service • A range of highly specialized and international cuisines and their styles of restaurant service **The individual shall be able to:** • Manage the service cycle for different styles of service • Use specialist equipment correctly and safely • Correct covers as required for dishes to be served • Professionally and efficiently serve food for different styles of service, e.g.: plated service; silver service/French service; gueridon service; trolley/voiture service; serve food from gueridons • Prepare, portion, and serve specialist dishes from gueridons, including: √ Assembly of dishes √ Carving of meat, poultry, and wild meat √ Filleting fish √ Preparing and carving fruits √ Creating garnishes for cocktails √ Using spices in preparing dishes √ Serving different cheeses √ Preparing salads and salad dressings √ Flambé dishes (meat/dessert, seafood, fruit) √ Preparing main courses, starters, deserts • Demonstrate appropriate flare and theatre • Clear plates and other items from customers' tables • Crumb down at appropriate times between courses • Serve a range of meals including breakfast, lunch, afternoon tea, dinner, casual, a la carte, bar, banqueting, and fine dining service	**28**

(续表)

Sections	Requirements and standards	Relative importance(%)
	• Provide high quality restaurant service in highly specialized or international restaurants • Create own dishes (flambé) from ingredient lists	
5. Beverage service	**The individual needs to know and understand:** • The range of beverages that may be prepared and served in a restaurant or other outlet • How to use specialist equipment properly and safely • The range of glassware in which beverages may be served • The range of china and glassware in which beverages may be served • The range of china, silver and glassware that may be used such as sugar bowls, milk and cream jugs, spoons, strainers, tongs, etc. • Recognized accompaniments for beverages • Trends and fashions in beverage sales and service • Techniques and styles of beverage service • Names and correct spirits and liqueurs, wines, beers, hampagne, syrups, juices, tea and coffee beverages, water **The individual shall be able to:** • Serve and clear different types of beverages and drinks • Prepare and serve beverages from a range of specialist machines: teapots, coffee machines, boilers, blenders, juicers, ice machines, grinders, beverage carbonating systems etc. • Use specialist equipment for serve beverages (sommelier knife, opener, strainer, jiggers etc.) • Create own speciality beverages with an accepted range of choice • Prepare and serve a range of hot and cold drinks • Prepare and serve liqueurs including with beverages • Prepare and serve silver served hot drinks and their accompaniments • Serve teas and coffees at banquets and functions • Serve petit fours or sweetmeats as appropriate • Prepare cocktails • Prepare garnish cocktails • Serve beverages, wines, beers, liquors, spirits, cocktails, waters • Follow the correct procedures for opening bottles	12
6. Alcoholic and non-alcoholic drinks service	**The individual needs to know and understand:** • The range of alcoholic and non-alcoholic drinks that may be served in a restaurant • The range of glassware and their uses in drinks service • The range of accompaniments that are served with alcoholic and non-alcoholic drinks • Issues relating to honesty and integrity in regard to alcoholic drinks • Legal requirements relating to the sale and service of alcoholic drinks • Methods of serving drinks in a range of scenarios	

（续表）

Sections	Requirements and standards	Relative importance（%）
	• A range of cocktails, their ingredients, methods of making and service • Servers ethical and moral responsibilities in relation to the sale and service of alcoholic drinks **The individual shall be able to:** • Prepare the service area for the service on alcoholic and non-alcoholic drinks • Select glassware and accompaniments for the sale and service of alcoholic and non-alcoholic drinks • Maintain the highest standards of hygiene and cleanliness during the sale and service of alcoholic and non-alcoholic drinks • Serve alcoholic drinks within current legislation with regard to measures, customers' ages, service times and locations • Pour drinks from bottles, for example beers and ciders • Measure drinks using appropriate measures • Follow recipes for IBA cocktails • Prepare, serve, and clear alcoholic and non-alcoholic beverages for different styles of service: √At the table √Reception drink service • Prepare and serve different styles of cocktail including: √Stirred √Shaken √Built √Blended √Muddled √Signature • Recognize by sight and smell a selection of spirits, aperitifs, and liqueurs • Create own alcoholic and non-alcoholic cocktails from ingredient lists	12
7. Wine service	**The individual needs to know and understand:** • The wine making process • Details of various wines including: √Grape variety √Production √Country and region of origin √Vintages √Characteristics √Matching food and wine √How wine is stored • Methods of preparing wine for service • Selection of glassware and equipment used in wine service • Methods for the service for various wines • The use of wine as an accompaniment for food	

（续表）

Sections	Requirements and standards	Relative importance(%)
	The individual shall be able to: • Provide informed advice and guidance to the guest on the selection of wine • Identify a range of wines from aroma, taste, and appearance • Interpret information on a wine bottle's label • Select and place on the table the appropriate glassware to the chosen wine • Present wines to the guest • Open wine at the table using accepted equipment. Open wine that has a traditional cork, champagne cork, or screw top • Decant or aerate wine when appropriate • Offer wine for tasting • Pour wine at the table, observing table etiquette • Serve wines at their optimum temperature and condition • Serve at a reception drinks service, e.g. champagne • Recognize by sight and smell a selection of fortified wines	8
8. Coffee service	**The individual needs to know and understand:** • The coffee making process • Details of various coffee including: √Beans √Production √Country and region of origin √Characteristics √The usage of specialist machine and equipment √Different styles of preparation and service √Technique work with milk products √Selection of glassware and equipment used in coffee service √Classic types coffee √Coffee grinding **The individual shall be able to:** • Prepare and serve coffee drinks • Follow the recipes for classic coffee • Prepare a range of international coffee specialities • Create signature coffee drinks with own choice • Use appropriate pouring techniques • Decorate coffees • Follow appropriate working processes	8
Total		**100**

附录 5

宴会专业术语英汉对照

一、宴会专业术语

英文	中文	英文	中文
table numbers	桌号	long flower	长台花
banner	条幅	standing flower	立式花盆
sit down buffet	坐式自助餐	round flower	圆台花
clock room	寄存处	corsage flower	胸花
standing buffet	站式自助餐	deposit	抵押金
Chinese banquet	中式宴会	catering sales	宴会销售
Spring GALA	春晚	banquet service	宴会服务
dish out service	分餐服务	VIP room	VIP 包房
LCD panel	投影仪	tea service	茶水服务
laser pointer	激光笔	ice water service	冰水服务
screen	屏幕	banquet room	宴会厅
VCR	录像机	Chinese round table	中式圆餐台
following spot	聚光灯	podium	讲台
standing mic	立式麦克风	remarks	备注
lapel mic	领麦	beverage	酒水
table mic	桌麦	welcome dinner	欢迎宴会
wireless mic	无线麦克风	informal dinner	便宴
sockets	插排	luncheon	午宴
background music	背景音乐	working luncheon	工作午餐
signage	指示牌	light meal	便餐
backdrop	背景板	buffet dinner/luncheon	自助餐
room rental	场地租金	return dinner	答谢宴会
red carpet	红地毯	farewell dinner	告别宴会

（续表）

main table	主桌	glee feast	庆功宴
payment	付款	reception	招待会
cheque	支票	tea party	茶话会
cash	现金	cocktail party	鸡尾酒会
credit card	信用卡	table d'hote	包餐
reception table	接待台	a la carte	点餐
individual service for VIP	个性服务	birthday party	生日宴会
pax/table	个/台	friendship reception	联谊酒会
VIP tables	VIP 餐台	business dinner	商务宴请
other long table	其他长餐台	company living association	公司联谊会
slide projector & screen	可移动投影和屏幕	the banquet	正式的酒宴

二、西餐厅常见餐具盘

英文	中文	英文	中文
plate	碟	soup cup	双耳杯
dish	一道菜	service fork	服务叉
dinner knife	主菜刀	service spoon	服务匙
dinner fork	主菜叉	main course plate	主菜盘
steak knife	牛排刀	soup plate	汤盘
soup spoon	汤匙	red wine glass	红葡萄酒杯
starter knife	头盘刀	white wine glass	白葡萄酒杯
starter fork	头盘叉	goblet	高脚杯
fish knife	鱼刀	pepper shaker	胡椒瓶
fish fork	鱼叉	salt shaker	盐瓶
butter knife	黄油刀	salad fork	色拉叉
sugar tong	糖夹	salad knife	色拉刀
chopsticks	筷子	dessert fork	甜品叉
coffee&tea spoon	咖啡/茶匙	dessert knife	甜品刀
coffee&tea saucer	咖啡/茶碟	dessert spoon	甜品匙
tea pot	茶壶	soup saucer	汤碟
coffee cup	咖啡杯	show plate	展示盘

三、常用调味品

英文	中文	英文	中文
salt	盐	ketchup	番茄酱
sugar	糖	mustard	芥末
soil	油	mayonnaise	蛋黄酱
oliver oil	橄榄油	salad dressing	沙拉酱
pepper	胡椒粉	soy sauce	酱油
black pepper	黑胡椒	monosodium glutamate	味精
white pepper	白胡椒	curry	咖喱
vinegar	醋	cumin	孜然

四、常见蔬菜

英文	中文	英文	中文
bean	菜豆	pimiento	甜椒
pea	豌豆	potato	马铃薯
kohlrabi	甘蓝	cabbage	卷心菜
carrot	胡萝卜	eggplant	茄子
cauliflower	花椰菜	chilli	辣椒
pumpkin	南瓜	lettuce	莴苣
tomato	西红柿	radish	萝卜
asparagus	芦笋	mushroom	蘑菇
cucumber	黄瓜	chick-pea	鹰嘴豆

五、常见水果

英文	中文	英文	中文
apple	苹果	carambola	杨桃
orange	橙子	plum	李子
banana	香蕉	grape	葡萄
pineapple	凤梨	longan	龙眼
watermelon	西瓜	papaya	木瓜
peach	桃子	coconut	椰子
pear	梨子	durian	榴莲
cherry	樱桃	fig	无花果
mango	芒果	kiwifruit	猕猴桃

六、常见饮料及酒水

英文	中文	英文	中文
coffee	咖啡	beer	啤酒
black coffee	纯咖啡	draft beer	生啤
white coffee	牛奶咖啡	stout beer	黑啤酒
tea	茶	canned beer	罐装啤酒
black tea	红茶	whisky	威士忌
mineral water	矿泉水	vodka	伏特加
distilled water	蒸馏水	champagne	香槟
soda water	苏打水	wine	葡萄酒
ice-cream	冰激凌	red wine	红葡萄酒
vegetable juice	蔬菜汁	white wine	白葡萄酒

七、常见西餐食品

英文	中文	英文	中文
bread	面包	onion soup	洋葱汤
white bread	白面包	potage	法国浓汤
butter bread	黄油面包	corn soup	玉米浓汤
French toast	法国吐司	fried chicken	炸鸡
sandwich	三明治	roast chicken	烤鸡
ham sandwich	火腿三明治	T-bone steak	丁骨牛排
roll	面包卷	club steak	小牛排
hot dog	热狗	filet steak	菲力牛排
cake	蛋糕	sirloin steak	沙朗牛排
cheese cake	奶酪蛋糕	braised beef	焖牛肉
pie	馅饼	braised beef in home style	家常焖牛肉
pudding	布丁	grilled fillet	铁板里脊
milk pudding	牛奶布丁	roast lamb leg	烤羔羊腿
spaghetti	意式面条	fried pork chop	炸猪排
macaroni	通心粉	caviar	鱼子酱
appetizer	开胃菜	green salad	蔬菜沙拉

附录 6

餐饮对客服务用语(双语)

一、欢迎问候语	
1. How are you? /How do you do?	您好!
2. Good morning/afternoon/evening!	早上(下午、晚上)好!
3. How are you (doing)?	你好吗?
4. Welcome, sir(madam)	欢迎光临,先生(女士)。
5. Come in, please. Welcome to our restaurant.	请进,欢迎光临我们餐厅。
6. We're glad to have you here.	很高兴你来到这儿。
7. Nice to meet you, sir.	见到你真高兴,先生。
8. Nice to meet/see you!	很高兴见到你!
9. It's good to see you again, sir(madam).	再次见到你真高兴,先生(女士)。
10. I hope you'll enjoy yourself here.	希望你在这里度过美好时光。
二、感谢应答语	
1. Thank you very much.	非常感谢。
2. Not at all. / You are welcome.	不用谢。
3. That's all right.	没关系。
4. Oh, you flatter me.	哦,你过奖了。
5. I'm glad to serve you.	非常高兴为你服务。
6. It's my pleasure.	这是我的荣幸。
7. Thanks for the trouble.	麻烦你了。
8. It's very kind of you.	你真是太好了!
9. No, thanks.	不用了,谢谢!
10. Thank you for telling us about it.	谢谢你告诉我们。
11. Thank you for your advice.	感谢你的忠告。
12. Don't mention it.	不用谢。
13. I'm at your service.	乐意为你效劳。

（续表）

三、征询语	
1. Would you like to leave a message?	你需要留口信吗？
2. I'm beg your pardon?	你能再说一遍吗？
3. What do you think of our service?	你觉得我们的服务怎么样？
4. What can I do for you?	有什么可以为你效劳的吗？
5. How many people, please?	请问一共几位？
四、致歉语	
1. Pardon me for interrupting.	对不起，打扰你们了。
2. Please excuse me for coming so late.	请原谅，我来迟了。
3. I'm sorry, I was so careless.	很抱歉，我太粗心了。
4. Will you please speak more slowly?	请你讲得慢一些，行吗？
5. Sorry, I still don't understand what you said.	对不起，我没有听懂你讲的。
6. I'm sorry, sir (madam).	对不起，先生（女士）。
7. Excuse me for interrupting.	不好意思，打扰了。
8. I'm sorry to trouble you.	对不起，打扰你了。
9. I'm sorry to have kept you waiting.	对不起，让你久等了。
10. I'm so sorry, please wait a few minutes.	真抱歉，请再等几分钟。
11. I hope you will forgive me.	我希望你能原谅我。
12. I'm awfully sorry.	我感到十分抱歉。
13. I'm very sorry. There could have been a mistake. I do apologize.	非常抱歉，这儿肯定是出错了。真的对不起。
14. Sorry, I will let you know when I make sure of it.	对不起，等我弄清楚了马上向你解释。
15. I'm sorry, we have run out of...	很抱歉，我们把……都用完了。
16. I'm sorry to bump into you.	对不起，撞着你了。
17. I'm afraid I have taken up too much of your time.	耽误你那么多时间真不好意思。
五、其他用语	
1. Good-bye! Come again next time, you are welcome.	再见，欢迎下次再来！
2. Mind your step and thank you for coming.	慢走，感谢您的光临。
3. Do you have a reservation?	请问您有预订吗
4. For how many?	请问您有几位？

（续表）

5. Follow me, please. /Come with me, please.	请跟我来，请这边走。
6. Would you mind sitting here?	您看坐在这里可以吗？
7. I'm sorry that table is already reserved.	对不起，那边的桌子已给预订了。
8. Here is menu. Are you ready to order mow?	这是菜单。请问现在可以点菜了吗？
9. What would you like to drink, please?	请问您想喝点什么？
10. Do you need any ice-blocks, please?	请问需要加冰块吗？
11. Would you like to have a cold-drink or hot?	请问需要冷饮还是热饮？
12. We have got port, white spirit, beer and different kinds of soft beverages.	我们有葡萄酒、白酒、啤酒和各式软饮料。
13. Have a cup of colfee, please!	请用咖啡。
14. Please enjoy your lunch (dinner)!	祝您午餐(晚餐)愉快！
15. Have a piece of napkin, please!	请用纸巾。
16. Please wait a moment. (Just a moment.)	请稍等。
17. Sorry to have kept you waiting so long.	对不起，让您久等了。
18. Not at all, I'm glad to serve you.	不用谢，很乐意为您服务。

参考文献

[1] 叶伯平. 宴会设计与管理[M]. 3 版. 北京:清华大学出版社,2011.
[2] 全国旅游职业教育学指导委员会. 餐饮奇葩未来之星[M]. 北京:旅游教育出版社,2013.
[3] 王秋明. 主题宴会设计与管理实务[M]. 北京:清华大学出版社,2013.
[4] 宋春亭,李俊. 中西餐饮服务实训课程[M]. 北京:机械工业出版社,2008.
[5] 何宏. 中外饮食文化[M]. 北京:机械工业出版社,2008.
[6] 刘加凤. 饮食营养与文化[M]. 上海:上海大学出版社,2014.
[7] 张红云. 宴会设计与管理[M]. 武汉:华中科技大学出版社,2018.
[8] 王珑. 宴会设计[M]. 上海:上海交通大学出版社,2014.
[9] 何丽萍. 餐饮服务与管理[M]. 北京:北京理工大学出版社,2017.
[10] 许磊. 西餐宴会[M]. 北京:中国轻工业出版社,2013.
[11] 全国旅游职业教育学指导委员会. 固本培元,卓越引领:教育部全国职业院校技能大赛高职组西餐宴会服务赛项成果展示 2016[M]. 北京:旅游教育出版社,2017.
[12] 周妙林. 宴会设计与运作管理[M]. 2 版. 南京:东南大学出版社,2014.
[13] 曾丹. 悦之华筵——中餐主题宴会设计[M]. 北京:首都经济贸易大学出版社,2018.
[14] 吴忠军. 中外民俗[M]. 大连:东北财经大学出版社,2007.
[15] 赵顺顶,马继刚等. 餐饮管理[M]. 北京:中国旅游出版社,2016.
[16] 徐兴海. 酒与酒文化[M]. 北京:中国轻工业出版社,2018.
[17] 马开良. 餐饮服务与经营管理[M]. 北京:旅游教育出版社,2010.
[18] 丹尼斯·丽丽卡普等. 餐饮服务与管理[M]. 丛龙岩译. 北京:中国轻工业出版社,2017.
[19] 张斌. 餐厅员工培训大全[M]. 北京:中国纺织出版社,2017.
[20] 林玉恒. 食品营养与安全[M]. 上海:上海交通大学出版社,2013.
[21] 王天佑. 餐饮概论[M]. 北京:北京交通大学出版社;清华大学出版社,2016.
[22] 陈戎,刘晓芬. 宴会设计[M]. 桂林:广西师范大学出版社,2014.
[23] 姜红. 餐饮服务与管理[M]. 大连:大连理工大学出版社,2009.
[24] 周静波. 餐饮服务实务[M]. 上海:上海交通大学出版社,2011.
[25] 吉根宝. 餐饮管理与服务[M]. 北京:清华大学出版社,2014.
[26] 谢红霞. 餐饮服务与管理:理论、实务、技能实训[M]. 北京:中国人民大学出版社,2017.
[27] 钟华,刘致良. 餐饮经营管理[M]. 北京:中国轻工业大学出版社,2018.
[28] 罗志慧,王宁,吕倩. 涉外餐饮服务[M]. 北京:清华大学出版社,2020.
[29] 马开良,叶伯平,葛焱. 酒店餐饮管理[M]. 北京:清华大学出版社,2018.
[30] 魏芬. 餐饮服务与管理[M]. 合肥:安徽大学出版社,2020.
[31] 杜建华. 酒店餐饮服务技能实训[M]. 北京:清华大学出版社;北京交通大学出版社,2018.
[32] 人力资源社会保障部教材办公室. 餐厅服务员[M]. 北京:中国劳动社会保障出版社;中国人事出版社,2019.
[33] 张水芳. 餐饮服务与管理[M]. 北京:旅游教育出版社,2012.
[34] 孙娴娴. 餐饮服务与管理综合实训[M]. 北京:中国人民大学出版社,2014.
[35] 胡章鸿. 餐饮服务与管理实务[M]. 北京:高等教育出版社,2014.
[36] 李明晨,宫润华. 中国饮食文化[M]. 武汉:华中科技大学出版社,2019.
[37] 杜莉. 中国饮食文化[M]. 北京:中国轻工业出版社,2020.
[38] 贺正伯. 中国饮食文化[M]. 北京:旅游教育出版社,2017.